"心梦飞扬"丛书

# 画好属于你的那道彩虹

丛书主编　郭喜青　程忠智
本册主编　田光华

心理健康
生涯规划
悦纳自建
学习方法
情绪管理
人际交往

中原出版传媒集团
中原传媒股份公司

大象出版社
·郑州·

图书在版编目(CIP)数据

画好属于你的那道彩虹／田光华主编.— 郑州：
大象出版社，2019.5
（"心梦飞扬"丛书／郭喜青，程忠智主编）
ISBN 978-7-5347-9621-0

Ⅰ.①画… Ⅱ.①田… Ⅲ.①成功心理—通俗读物
Ⅳ.①B848.4-49

中国版本图书馆 CIP 数据核字(2018)第 280612 号

"心梦飞扬"丛书
**画好属于你的那道彩虹**

丛书主编　郭喜青　程忠智
本册主编　田光华
本册编者　田光华　柳铭心　刘海娜　庄春妹

---

出 版 人　王刘纯
责任编辑　阮志鹏
责任校对　毛　路
装帧设计　刘　民

---

出版发行　大象出版社（郑州市郑东新区祥盛街 27 号　邮政编码 450016）
　　　　　发行科　0371-63863551　总编室　0371-65597936
网　　址　www.daxiang.cn
印　　刷　河南新华印刷集团有限公司
经　　销　各地新华书店经销
开　　本　787mm×1092mm　1/16
印　　张　9.75
字　　数　131 千字
版　　次　2019 年 5 月第 1 版　2019 年 5 月第 1 次印刷
定　　价　34.00 元
若发现印、装质量问题，影响阅读，请与承印厂联系调换。
印厂地址　郑州市经五路 12 号
邮政编码　450002　　电话　0371-65957865

## "心梦飞扬"丛书编委会

北京市中小学心理健康教育名师发展研究室组织编写

**主任：** 谢春风

**主编：** 郭喜青　程忠智

**委员：**（按拼音顺序排列）

陈文凤　程忠智　邓　利　丁媛慧　董义芹　郭喜青

韩沁彤　黄菁莉　姜　英　康菁菁　李春花　刘海娜

刘秀华　刘亚宁　柳铭心　卢元娟　秦　杰　石　影

田光华　田　彤　王　琳　王　青　王园园　信　欣

杨　靖　于姗姗　张　丽　庄春妹

# 总 序

习近平总书记说："孩子们成长得更好，是我们最大的心愿。"帮助少年儿童踏上健康、快乐、幸福的人生道路，需要我们做好各方面的工作，心理健康教育就是其中一项重要的工作。

少年儿童在成长过程中会有许多心理上的困惑需要弄清楚、解决好，这套"心梦飞扬"丛书就是以服务少年儿童身心健康成长为根本宗旨而组织编写的。丛书依据中小学心理健康教育的五个主要板块进行分册，各有侧重、层层递进，帮助少年儿童构建身心健康成长的自我认知、体验、升华的策略系统：《独一无二的我》引导少年儿童客观认识自己的优缺点，明确自己的兴趣和优势，悦纳自我，建立自信；《要想常有鱼　必须学会渔》引导少年儿童重视学习方法，在真实问题情境中学会运用各种策略解决问题；《沟通无界限　朋友遍天下》引导少年儿童理解友谊真谛、珍惜师生情谊、感恩父母亲情，获得良好的同伴交往、师生交往、亲子交往体验；《七彩心情　快乐由我》引导少年儿童了解情绪变化的秘密，学会强化积极情绪，弱化、调节消极情绪，从而成为自身情绪变化的主宰者；《画好属于你的那道彩虹》引导少年儿童认识生命的美好，学会设计生涯规划，用聪明才智画好属于自己的那道人生彩虹，从而成就自己、温暖别人、服务社会。

本丛书的主编郭喜青和程忠智是全国著名的心理健康教育专家，他们在中小学心理健康教育领域有很多研究成果，成就卓然；丛书的编写者均是具有较深厚专业功底的中小学心理健康教育研究者和实践者，他们熟知少年儿童身心健康发展的特点、规律和成长需求，具有协助中小学生解决各种心理问题的知识和经验，能准确把握问题的关键点，解答简洁、清晰、专业，启发性强。因此，本丛书基于实践，又服务实践、引导实践，既适合少年儿童阅读，也适合广大中小学教师和家长阅读。特别要说明的是，本丛书是为数不多的适合中小学生自主阅读、学习、体验、省思的心理健康教育辅导读物，有利于中小学生通过自我心理健康教育体验，形成符合现代社会要求的积极而健全的人格，实现自我健康成长和全面发展。

  当然，世界在快速发展变化中，人类的心理问题层出不穷，很难找到一种万全之法去解决各种各样的问题。但只要我们努力，总能取得进步。其实，我国传统文化中就蕴含许多关于生命、关于心理健康的大道智慧，如《黄帝内经》中"人以天地之气生，四时之法成""生之本，本于阴阳""阴平阳秘，精神乃治；阴阳离决，精气乃绝"的天人合一、阴阳和气思想，《大学》中"物格而后知至，知至而后意诚，意诚而后心正，心正而后身修，身修而后家齐，家齐而后国治，国治而后天下平"的格物致知、修德立身思想，《论语》中"君子成人之美，不成人之恶""入则孝，出则悌，谨而信，泛爱众，而亲仁"的与人为善、仁爱诚信思想，等等，都是心理健康教育思想的精华。我国中小学生的心理健康教育，要从世界科学发展中汲取新成就，更要从中华优秀传统文化中汲取大智慧和正能量。期待郭喜青、程忠智老师主编的"心梦飞扬"丛书，能在丰富、完善和提高中，进一步拓展更多少年儿童健康发展的心路！

谢春风

2018年12月于北京

# 目录

生而有涯铸就精彩 .................................................... 001
    生涯因规划而不同 .................................................. 002
    多彩的角色 .......................................................... 015

唤醒自我潜能 ........................................................ 027
    文明健康的生活方式 ................................................ 028
    在挫折中成长 ........................................................ 043

链接外部世界 ........................................................ 061
    原生家庭和我 ........................................................ 062
    职业万花筒 .......................................................... 070

行动成就人生 ........................................................ 083
    学会时间管理 ........................................................ 084

好习惯成就人生 .................................................. 099

**畅想人生美好未来** .................................................. 111
    20 年后的我 .................................................. 112
    我的计划书 .................................................. 125

**参考文献** .................................................. 144

人最宝贵的是生命，生命对于每个人只有一次。我们不能决定生命的长度，但是可以拓展生命的宽度，而想要拓宽生命的宽度，就要为自己规划一个多姿多彩的人生。

## 生而有涯铸就精彩

## 生涯因规划而不同

古人曰:"谋先事则昌,事先谋则亡。"意思是讲:做任何事情之前,都要事先谋虑准备,这样才能把事情办好。做日常琐事尚且如此,宝贵的人生岂能毫无规划?那么你期望成为什么样的人呢?你要如何做,才能成就你自己?什么是生涯?什么是生涯规划?今天,就让我们一起来探究一下这些问题吧,同学们,你们准备好了吗?

为了验证目标的存在会对人的情绪产生影响,有人曾做过这样一个实验进行对比,组织三组人,让他们分别步行至十公里外的三个村子,并告诉他们不同的信息条件。

第一组的人不知道村庄的名字,也不知道路程有多远,实验组织人员只是告诉他们跟着向导往前走。刚走了两三公里就有人开始叫苦,走到一半时有人愤怒了,他们抱怨为什么要走这么远,何时才能走到目的地。再往后有人甚至坐在路边不愿走了，而且越往后走他们的情绪越低落。

第二组的人被告知了村庄的名字和路段，但路边没有里程碑，他们无法知道自己已走的路程，只能凭经验估计行程的时间和距离。走到一半的时候大多数人就想知道自己已经走了多远，比较有经验的人说："大概走了一半的路程。"于是大家又簇拥着向前走，当走到全程的四分之三时，大家开始感到情绪低落，而路程似乎还很长，就在大家觉得疲惫不堪时，有人说："快到了！"于是大家又振作起来加快了步伐。

第三组的人不仅知道村子的名字、路程，而且路上每隔一公里就有一块里程碑，大家边走边看里程碑，距离目的地越近大家便越高兴。行程中他们用歌声和笑声来消除疲劳，情绪一直很高涨，所以很快就到达了目的地。

同学们，看完上面这个小故事，你有什么想法？为什么步行至距起点距离相同的三个村庄，每组成员的情绪会不一样呢？这个实验说明了什么？

## 认识"生涯"

什么是生涯？不同的人对生涯有着不同的理解。有人认为生涯就像一座无穷无尽的宝藏，只有历尽千辛万苦，才能挖掘到属于自己的珍宝；也有人认为生涯就像一座陡峭险峻的高山，只有用顽强的毅力、百折不挠的精神，才能所向披靡，最终看到山顶美丽壮观的景色；还有人认为生涯就像在大海中漂泊的船只，只有坚定不移地驶向目标，才有希望到达理想的港湾……

其实，以上只是对生涯的形象描述，从其含义来讲，简单地说，"生"就是生命或人生，"涯"就是边界的意思，"生"和"涯"合在一起，就是人的生命历程。生涯就是我们一生中所扮演各种角色的总和，我们要扮演何种角色、选择何种职业、想过何种生活，都是生涯的一部分。

也有专家认为，生涯是指个人通过从事的事情所创造出的一种有目的、延续不断的生活模式。

不管怎么表述，其意思是基本相同的，我们可以从以下四个方面来理解它：

### 1. 生涯是有方向性的

生涯不是一个固定的点，它是有方向性的。就好比我们去一个地方旅游，必须先设定好行动路线，这样才能确保我们在最短的时间里到达旅游地点，欣赏到美丽壮观的景色。

### 2. 生涯是有连续发展性的

从我们出生起，各种角色就伴随着我们的一生。首先一出生，我们就成了爸爸妈妈的儿子、女儿，成了爷爷奶奶的孙子、孙女和姥姥姥爷的外孙子、外孙女。走出幼儿园，我们上学了，身份转变为学生。从小学到高中，有的同学还要上大学、考研究生，学生这个身份将陪伴我们很长时间，是我们人生中最重要的一段经历。在这段时间内，我们学习知识，掌握生存技能，学会人际交往，参与社会实践，初步感知这个丰富多彩的世界，培养自己多方面的兴趣爱好，均为将来走上社会奠定了良好的基础。我们每个人大约有三四十年的时间是在工作中度过的，这个工作就是我们所从事的职业。之后我们退休了，开始享受晚年的幸福生活。从这个过程中我们可以看出，生涯的发展是我们一生中连续不断的过程，仿佛一条绵长的生命线，从过去发展到现在，从现在延伸到将来。

### 3. 生涯是具有独特性的

我们每个人的生涯发展都是不同的，都是独一无二的，每个人都是自己生涯发展的塑造者。我们可能和别人有着相同的职业，在生活中扮演着相同的角色，如同为子女、同为学生等，但是我们扮演每种角色的方式和态度却具有自己的独特性。就像我们常说的世界上没有完全相同的两片叶子一样，即使是同卵双胞胎，在个性特征等方面也有差别。我们每个人都是与众不同的，生命特征如此，我们每个人的生涯也是如此，生涯的过程就是"我"这个主体发展的过程。

### 4. 生涯是具有综合性的

一个人的生涯是以个体的职业角色发展为主轴，同时还要承担学生、子女、父母、公民等各层面多种角色责任，生涯发展是人生的重大课题。

## 生涯发展阶段

心理学家舒伯将人的生涯发展阶段划分为成长期、探索期、建立期、维持期、衰退期等五个阶段。每一阶段都有一些特定的发展任务需要完成，而且前一阶段发展任务的达成与否关系到后一阶段生涯的发展。

**成长期（出生至 14 岁）**：通过在家庭和学校的生活实践明确"我是谁"。积累生活经验了解周围环境，尤其是社会工作，并把这些工作内容作为日后探索职业的依据。

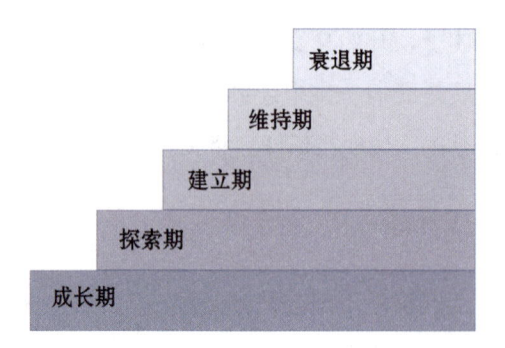

**探索期（15~24 岁）**：通过参加学校的社团活动、志愿者服务等途径，对自我能力及角色、职业继续进行探索，使个人的职业偏好逐渐具体化，为实现职业选择奠定基础。

**建立期（25~44 岁）**：大部分人已经在适合自己的职业领域中确立了角色职位，并逐步稳定下来，基本上达到了成家立业、工作稳定的状态。少部分职业选择不合适的人会谋求变迁或做其他探索。

**维持期（45~65 岁）**：个人已在职业领域中取得相当的地位，担负起相应的责任，具有一定的权威，并致力于维持既有的地位与成就；同时也会面对新人的挑战，并为退休做好准备。

**衰退期（65 岁至死亡）**：由于身心状况已逐渐衰退，职业生涯已接近尾声，从原有工作岗位退休，开拓新的生活，发展新的角色成为第一选择，这时可以通过从事休闲活动或尝试平生未做的事情来丰富退休生活。

## 生涯规划

说到生涯规划，我们还是先来看个小故事：

从前有四只可爱的毛毛虫，它们从小一起长大，有一天，他们决定到森林里找苹果吃。

第一只毛毛虫经过千辛万苦，终于来到一棵苹果树下，但它根本不确定这是不是一棵苹果树，也不好意思问其他的小伙伴，只是稀里糊涂地往上爬。它不知道自己到底想要什么样的苹果，也没有想过怎么样去摘取苹果，只是感觉差不多就可以了。

第二只毛毛虫也爬到了一棵苹果树下，它知道这是什么样的苹果树，并希望在这棵树上能找到一颗大大的苹果，于是它就慢慢地往上爬，遇到树杈上的分支的时候，就选择较粗的树枝继续爬。终于，它发现了一颗大苹果，于是扑上去开始吃，但没吃几口就发现远处有一颗更大的苹果，于是就放弃正在吃的苹果，向它看到的更大的苹果爬去。

第三只毛毛虫出发前就对自己说，今天一定要摘一颗最大的苹果，为了更好地达到目标，它研制了一副望远镜。通过仔细搜寻，它发现了远处的一棵苹果树上有一颗最大的苹果。它花费不少时间，反反复复地思考、计算，最终选定了道路，并开始缓慢地朝着目标爬去。然而，当它抵达终点时，苹果已熟透烂掉了。

第四只毛毛虫做事有自己的规划。它爬行的目标并不是一颗已长好的苹果，而是一朵含苞待放的苹果花。它计算着自己的行程，力争在苹果花变成苹果时抵达终点，结果它如愿以偿，得到了一颗又大又甜的苹果，它感到非常幸福快乐。

同学们，看完这个故事，你有什么样的想法？

第一只毛毛虫毫无目标，看到别人干什么，自己也跟着干什么，从来没有想过自己最希望做什么，看似每天忙忙碌碌，但却不知道在忙什么。

第二只毛毛虫虽然知道自己想要什么，但却不知道怎么才能得到自己想要的东西。

第三只毛毛虫有非常清晰的人生规划和正确的选择，但目标过于远大，行动过于缓慢，成功对它来说已是明日黄花，机会、成功不等人。

第四只毛毛虫不仅知道自己想要什么，而且也知道如何去得到自己想要的苹果，以及得到苹果需要什么条件，然后制订清晰的实际行动计划，一步步实现自己的理想。

其实，我们的人生也是如此，当我们走出学校大门的时候，就要努力去寻找属于自己的苹果。同学们，你们可曾想过该怎样规划自己的未来，从而拥有精彩的人生呢？

有的同学会说离高考报志愿和选择职业远着呢，有必要这么早就进行生涯规划吗？其实，生涯规划愈早做愈好，从小进行生涯规划可以让我们尽早地认识自己、了解自己，以便挖掘自我潜能；可以帮我们明确自己的目标，让自己更有动力；可以增强我们生涯发展的目的性与计划性，增加成功的机会。在面对人生各种激烈的社会竞争中，生涯规划还可以促使我们积极地做准备，提升应对各种变化的能力。这就是"凡事预则立，不预则废"的道理所在。

作为学生，我们为什么要学习？我们人生的目标和价值是什么？我们想成为什么样的人？怎么才能实现心中的梦想呢？思考这些问题的过程，就是我们进行生涯规划的过程。

生涯规划，是指个人根据自己的实际情况，结合机遇和制约发展的因素，对自己未来生活进行的有目的、有计划、有系统的安排。我们可以从知己、知彼、抉择与行动这三个方面来看生涯规划。

### 1. 知己

进行生涯规划，首先要做的就是了解自己，对自己的兴趣、能力、价值观等方面有比较清晰的认识。比如说，将来想当老师、警察、医生、科学家，还是律师？是否具有这方面的兴趣和能力？自己的性格适合做什么？

### 2. 知彼

知彼的意思是说，除了对自己有所了解，我们还必须去认识外在的环境。通过收集外界的信息，去了解社会工作，通过对政治、经济等层面的探索，去了解社会大环境的变迁、未来世界的发展趋势等。比如说，我们对健康特别关注，长大之后立志要做一名健康营养师，那么现在这个行业的发展状况如何？大学有这个专业吗？这个专业的发展前景如何？我们从现在开始该如何进行准备呢？这些都是需要我们去了解的。

### 3. 抉择与行动

在知己、知彼的基础上，利用行动为自己的职业生涯寻找一个适当的定位。这也就是说将自我的条件或资源与外在的环境资源加以匹配和整合，做出适当的生涯抉择和规划，并朝着既定的目标去努力。比如说，我们特别想当一名警察或者律师，那么从现在开始，我们就要有意识地通过各种途径了解、关注这方面的信息，比如查阅资料、参观访问等，并从现在开始努力积累有关的知识，提高相关的能力，克服各种困难，为将来走向社会、实现自己的梦想做准备。

生涯规划是为我们的未来发展找到一个方向，但并不意味着这时候定下的目标，以后就绝对不能再改变。它是有弹性的，并不是一成不变的，而且会依据个人的特质、能力、兴趣、价值观等，结合环境的助力或阻力，不断进行适应和调整，为以后生涯道路的积极探索找到路标的过程。

许多名人之所以成功，就是因为他们有明确的生涯规划并付之行动。

## 给自己一个梦想

大家看过《迪斯尼》吗？里面的沃尔特·迪斯尼是"米老鼠""唐老鸭"等许多人见人爱的动画片形象的创造人，迪斯尼由此而大名鼎鼎。在美国，也许有人不知道总统的名字，但要是不知道动画大师迪斯尼，就让人奇怪了。

沃尔特·迪斯尼1901年出生在美国的芝加哥，他从小就对动物感兴趣，最早的绘画作品就是画的小动物。8岁时，一位医生让他画马，沃尔特·迪斯尼的作品让医生很满意，于是医生就花钱买下了迪斯尼的作品，这鼓励了迪斯尼去更认真地绘画。

15岁的时候，迪斯尼下定决心要当一名画家。于是，他用自己的积蓄去上了芝加哥美术学校夜校。在学校，老师鼓励学生画真实的小动物，这对提高迪斯尼的绘画技巧大有帮助。老师特别欣赏迪斯尼用幽默的、讽刺的线条去画动物漫画。迪斯尼受到老师的鼓励后，深深爱上了幽默漫画。

迪斯尼虽然努力奋斗，但直到他20多岁，还是默默无闻的人，生活也十分困苦。即使如此，他仍时刻想着要当画家，并为此不懈努力，其间经历过无数的挫折和失败。他租不起画室，为了画画，只好用他父亲的汽车房当画室。有一天，他正愁眉不展，突然间一只小老鼠跑到了他的桌子上，看到小老鼠的样子后，一个用老鼠做动画形象的想法在他的大脑中诞生了。正是在这间充满润滑油和汽油味的汽车房，他获得了价值百万的灵感。从此，他走上了成功之路，实现了他的理想。

由此可见，人生目标和生涯规划对人取得成功有重要作用。

## 练习与拓展

### 一、想一想

> 生涯就像……

> 生涯规划是……

什么是"生涯"？什么是"生涯规划"？你认为生涯规划有必要吗？请写出你对"生涯"和"生涯规划"的理解，然后和你的朋友或同学分享你的学习收获与想法。

### 二、测一测

生涯规划在一定程度上与将来从事的职业有很大的关系，让我们来做个小游戏，初步测测我们的特点和优势，看看拥有这样特点和优势的我们更适合从事什么样的职业。

假如有一天，你要乘船去寻宝，寻宝过程中会出现下面的问题，请根据自己的想象作答，最后再将点数加起来与答案相对照。

1. 你所乘的船是哪一种？

A. 海盗船　　　　　　B. 小船　　　　　　C. 木筏

2. 如果可以带一只动物，你要带哪一种？

A. 狗　　　　　　　　B. 猫　　　　　　　C. 小鸟

3. 有多少人和你一起去？

A. 几十个人　　　　　B. 几个人　　　　　C. 只有你自己

4. 你认为什么东西可以守护你？

A. 从母亲那里拿来的娃娃

B. 从父亲那里拿来的宝剑

C. 在海边捡到的小石子

5. 船会往什么方向出发？

A. 东　　　　　B. 西　　　　　C. 南　　　　　D. 北

6. 当你向大海深处的目标前进时，海平线彼方突然出现了一个巨大的黑影，你认为是什么？

A. 有一艘船经过　　　B. 只是一大片黑云罢了　　　C. 大恐龙出现了

7. 你想要的东西是什么？

A. 藏在洞窟深处的宝藏

B. 沉在海底的宝藏

C. 放在废弃古老神殿中的宝藏

8. 在航海途中，有一样东西遗失了，你认为是什么东西？

A. 水　　　　　B. 食物　　　　　C. 火　　　　　D. 指南针

9. 经过长时间的航行，你终于到达了藏宝地点。这时，有个恶魔出现了，并在你身边说了一句话，你觉得他说了什么？

A. 根本就没有宝藏，你被骗了

B. 宝藏早就被拿走了

C. 你是不可能找到宝藏的，死心吧

10. 你终于找到了宝藏！当你打开宝箱的一刹那，你认为你看到了什么？

A. 金银珠宝

B. 可以看见未来的镜子

C. 可以将你所带的动物变成人类的药物

## 计分表

| 题号 | 分值 A | 分值 B | 分值 C | 分值 D | 题号 | 分值 A | 分值 B | 分值 C | 分值 D |
|---|---|---|---|---|---|---|---|---|---|
| 1 | 1 | 2 | 3 | | 6 | 1 | 2 | 3 | |
| 2 | 1 | 2 | 3 | | 7 | 1 | 2 | 3 | |
| 3 | 1 | 3 | 2 | | 8 | 2 | 4 | 3 | 1 |
| 4 | 2 | 1 | 3 | | 9 | 1 | 3 | 2 | |
| 5 | 1 | 3 | 2 | 4 | 10 | 2 | 3 | 1 | |

**计分方式请按照分数表计算。**

10~14 分的人 → A 型

15~19 分的人 → B 型

20~27 分的人 → C 型

28~31 分的人 → D 型

32 分的人 → E 型

## 分析

**A 型的人**：你的行动力和适应能力都非常强，无论是在怎样的逆境之中，你都能过关斩将，开创出一番新天地。拥有如此才华的你，最适合去做一些户外工作。比如运动员、推销员、记者等。

**B 型的人**：你非常喜欢并善于和人交往，最擅长的就是观察人心。不论是当一个听众或是当一个说话的人，你对于处理复杂的人际关系都非常拿手。

拥有这样的才能，你非常适合做接待员、咖啡厅老板等。

**C 型的人：** 你拥有非常敏锐的判断力和一双观察入微的眼睛。知性就是你的武器，你非常冷静且细心，再困难的问题都能迎刃而解！所以你应该去找一份能好好运用你聪明头脑的工作。例如老师、秘书、情报研究人员、作家等。

**D 型的人：** 你对于美的事物非常敏感，简单地说，你是一个很感性的人。你非常喜欢运用自己的想象力去创造出与众不同的东西，不管是绘画、服装设计，还是乐器等，你都能得心应手。如果要找工作当然也要找可以激发你创作欲的工作，例如雕塑、珠宝设计、室内设计等。

**E 型的人：** 你具有一种不可思议的魅力，而且全身都散发出神秘的气息。你对于隐藏真正的自己非常拿手，所以有当艺人的天分，在大众面前表演的工作最适合你，例如当模特儿、演员等。

职业没有高低贵贱之分，带着优势去从事某种职业，才可能把工作做得更好。通过这个测试，你发现自己的优势和局限了吗？想想应该怎样扬长避短，并把测试结果收起来，过一段时间再做一次测试，比比两次结果是否一样。如果有变化，要想想为什么会有这样的变化。

## 多彩的角色

人的一生很短暂，在成长的不同阶段，我们每个人都同时扮演着不同的角色。在这些角色中，有些是与生俱来的，如子女、父母、爷爷、奶奶等；有些是不同的社会生活所赋予的，如学生、工作者、游客、舞台上的演员等。

那么，我们应该如何认识角色？我们现在都扮演了哪些角色？在这些不同的角色中，我们扮演得最称职的是什么角色？我们又该如何扮演好我们的角色呢？

### 扮演好自己的角色

"每个人都要扮演好生活中的角色。"这是我爸爸对我说的一句话。这句话虽然很普通，但它像一个烙印一样深深地烙在我的心里，永远也抹不掉。

从前的我是一个捣蛋鬼，上树偷鸟蛋、和同学打架、顶撞老师、藏邻居的东西……为此，爸爸妈妈没少教育我。但我依然我行我素，谁的话也不听。

在我10岁生日那天，爸爸给我举办了一个大型的生日聚会，并且邀请了我的朋友们。

生日聚会上，我和我的朋友们一起唱歌、跳舞、玩捉迷藏，把家里弄得一团糟。接近尾声的时候，爸爸突然过来说："孩子们，我能给你们表演个节目吗？"听到爸爸说要给我们表演节目，我们感到很好奇，连忙说："好呀！"节目开始了，爸爸扮演的是一个警察，妈妈扮演的是一个小偷。说实话，爸爸扮演得太不像了。我说："老爸，你这演的是什么呀，哪有警察成天喝酒抽烟、打架斗殴的，这根本就不是警察。"同学们也都说演得不好。爸爸却说："我就乐意这样演，你们管不着。"我很生气，说："那不是你乐意就行的，你应该演好警察这个角色应该干的事！"爸爸笑了，说："对，你说得很对。其实，生活就像是一部电视剧，我们每个人是主角也是观众。我们每天都在演绎我们的生活，同时也在观看其他人的生活。我们演得好观众就会喜欢，演得不好观众就会不喜欢。你们想让观众喜欢吗？"我顿时哑口无言，爸爸接着说："相信自己是没有错的，但我们也应该注意别人的想法，给观众留下一个好印象。记住我们要扮演好生活中的角色。"

晚上，我躺在床上，心里反复想着爸爸语重心长的话，深深为自己以前的所作所为而后悔。从此，我再也不像以前那样顽皮，而是变成了一个懂礼貌、知上进的好孩子。我很感谢我的爸爸。

教师扮演着教书育人的角色，军人扮演着保家卫国的角色，清洁工扮演着保持环境整洁的角色，而我们则扮演着好好学习的角色。生活中，不管我们扮演着什么样的角色，都应将其扮演好，做一个对社会有用的人。

在漫漫人生的旅途上，我们每个人都注定要扮演形形色色的角色，如果说从出生到死亡的时间是我们生命的长度，那么在一生中所扮演的角色多少就是我们生命的宽度。

呱呱坠地来到人世间，我们是爸爸、妈妈的儿子或女儿，是爷爷、奶奶、姥姥、姥爷的孙辈，是父母的希望，是家庭的宝贝，是祖国的未来。

幼童是无忧无虑的，当父母把我们送进幼儿园，我们就成了幼儿园的小朋友，3年后，幼儿园毕业的我们会成为小学生；然后我们还会上中学、大学，学生的角色一扮演就是十几年（当然，也有人因各种原因中途辍学的），我们会由一个无知无识的幼子成长为一个有思想、有文化、有能力的社会公民。

大学毕业后，我们开始步入社会，为了谋生或谋求更好的发展，我们会成为工人、农民、军人、教师、医生、公务员等具有某种身份的队伍中的一员。这时，我们就要履行自己的职责，承担相应的社会义务。组建自己的小家庭后，我们要扮演丈夫或妻子、女婿或儿媳妇、姐夫或嫂子等多种角色。

再往后，我们的人生就可能进入到一个崭新的阶段，我们有了自己的子女，为人父母，成为一个家庭的中坚力量。这个时候，我们在家庭和社会中所扮演的角色最多、任职也最长——儿子或女儿、丈夫或妻子、父亲或母亲、职员或领导……我们不仅要考虑维持生活，还要思谋事业发展。我们要处理好与老人、孩子、配偶、朋友、亲戚、邻里、上级、同事等的关系，要做好自己的本职工作、发展自己的事业，还要因为工作和生活与医生、老师、校长等打交道。我们的压力会一下子增大许多，乃至失去了很多业余爱好、美好梦想……

这一时期是我们人生中最辉煌的时光，我们的事业可能如日中天。我们可能会成为成功的管理者、专家学者、艺术家等，也可能成为勤奋的普通工作者。但不管怎样，我们都是社会或家庭的中坚力量。我们需要不断学习和调整，尽到不同角色的义务，承担每一种角色的责任。这样我们的生涯彩虹才能明丽而绚烂。

很快，大有作为的二三十年就过去了。我们的孩子走上社会，扮演我们当初的角色，而我们则慢慢卸下了某些角色的责任。比如，当我们到了退休年龄时，我们会离开打拼了几十年的职场和岗位，成为一个赋闲的长者；当我们想全心全意孝敬父母时，他们却可能已经永远离开了我们，使我们再也无法回报他们。

夕阳余晖，我们成为前辈、寿星，我们颐养天年，含饴弄孙。随着年龄的增长，我们的身体会大不如前，但我们会轻松淡泊地看待自己的过去和现今的世态，更注重养生之道，与儿女孙辈们共享天伦。最后，你可能因病或衰老而离开这个你曾在此担任过无数角色的世界，画上人生的句号。若干年后，人们会忘掉你曾存在过，又会不断有人重复你曾经扮演过的角色。

人生就像上演一部电视剧，只是没有彩排，都是现场直播。很多角色都是一种无奈的选择，非此即彼。逝去的不再回来，更没有卖后悔药的，稍微把握不好，就只能扮演那个拊掌后悔的角色。

那么，作为社会的一分子，我们该如何认识人生中的各种角色呢？我们该如何担负起这些角色赋予我们的使命呢？

## 生涯角色多元化

"角色"一词源于戏剧，指的是演员所扮演的剧中人物，后来心理学家米德将这一概念应用于生活中，说明个体在社会舞台上的身份及其行为。因此，我们这里说的"角色"就是指一个人因一定身份，以及因这一身份而享受或应履行的责任、义务，等等。

人在一生当中，通常需要扮演多种角色，不同角色的交互影响，会塑造出个人独特的生涯模式。此外，不同的角色主要活跃在四种人生舞台：家庭、社区、学校和工作场所。一个人一生中需要同时在不同的舞台上扮演着不同的角色，某一角色的成功，有可能促进其他角色的发展，但并不能代表所有角色的成功。

## 我们应该知道的社会角色

我们每个人的成长都离不开社会这个大环境，无论在人生的何种阶段扮演何种角色都是社会中的一分子，因此我们说的"角色"其实都是社会角色。

社会角色是个体在社会群体中被赋予的身份及该身份应发挥的功能。用通俗的话说，就是每个角色都代表着一系列有关行为的社会标准，这些标准决定了一个人在社会中应有的责任与行为。例如，作为学生主要的任务就是学习，学生应该以学习作为主要任务，并努力学习各种知识，掌握相应的技能，为以后走上社会、成就事业打下坚实的基础；作为教师，就要传授知识，教书育人，在学生面前应该为人师表，处处以教师日常行为规范约束自己。

因此，从这个意义上说，每个人在社会生活中都在扮演着自己应该扮演的角色，这不仅意味着具有特定社会位置的人所应表现出的行为，同时也意味着社会、他人对占有这个位置的人所持有的期望。既然我们每个人都在社会生活中扮演着这样或那样的角色，那么角色有什么特征呢？

### 1. 角色是客观的

我们说角色的产生和存在是客观的，任何一种社会角色的产生都是一定社会文化、历史积淀的结果，是社会生产和生活发展的产物。脱离社会客观需要而由人们头脑中想象出来的"角色"在现实的社会生活中是不存在的。

例如，作为个体来说，从一出生，我们就开始陆续承担各种角色：当我们一来到这个世界，就成了爸爸妈妈的儿女；之后上学了，就成了学生；长大了，参加工作了，就成了一名社会工作者；再后来到了结婚的年龄，组建了家庭，有了自己的孩子，就成了父母……只要人类存在，这些身份就是客观存在的。

### 2. 角色是相互对应的

任何一种角色一般都是对应于另一种角色而存在的，没有相对应的角色作为前提，该种角色也就不存在了。社会学把这些相互对应而存在的角色称为"角色伴侣"。例如，我们在学校是学生，而负责教知识的人就是教师；在家中是儿女，而负责你生活起居的人就是父母；等等。

### 3. 角色具有单一性

单一性是指在一个社会中，不可能对同一角色会有不同的期望和行为规范。有些角色，由于文化习惯不同，会有不同的语言表达方式，但不同的语言表达方式所指的均是同一个角色。例如，我们说的妈妈、爸爸，有些地方则称之为"娘""爹"，但无论怎么称呼都是指赋予自己生命的人。称呼不同，意思一致。

### 4. 不同角色具有不同职能

角色是社会对个人职能的划分，它指出个人在社会活动中的地位，在社会关系中的位置和在人际交往中的身份。所有的角色都不是自己认定的，而是社会客观赋予的。例如，教师要教书育人，医生要救死扶伤……

### 5. 角色扮演具有多重性

在社会关系系统中，我们扮演的角色不止一种，而是多重角色的统一体。例如，我们在课堂上是学生角色，在商店里是顾客角色，在公共汽车上是乘客角色，在剧场就是观众角色。社会赋予的多重角色，在我们身上得到了完整的统一。

(1) **生涯彩虹**。一个人的生涯发展阶段展现了其毕生的发展情况，在这一基础上，舒伯为我们创造性地描绘出了一个多角色、多阶段的生涯发展综合图形——生涯彩虹图。在该图中，横向代表人的生涯发展阶段，纵向代表人的生活空间，人在不同的人生阶段，在家庭、学校、社会（社区）、职场这四个舞台上扮演子女、学生、休闲者、公民、工作者、持家者（父母、夫妻）等不同的角色。

图的外圈为主要发展阶段，内圈彩色部分的范围长短不一，表示在该年龄阶段上各种角色所投入精力的不同。在同一年龄阶段可能同时扮演多

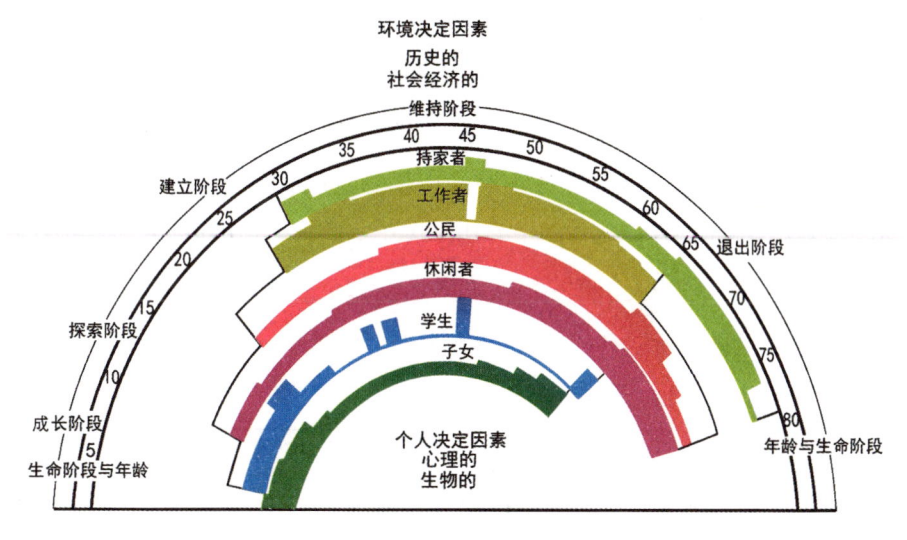

生涯彩虹图

种角色，因此彼此会有所重叠，但其所占比例分量则有所不同。在空白的彩虹图上，用涂色的方式表示角色的轻重，某一角色的彩色部分比例越大，代表在该年龄阶段上这个角色所投入的精力越高。

参照舒伯的生涯彩虹图，根据自己的生涯规划，我们可以画出自己的生涯彩虹图。

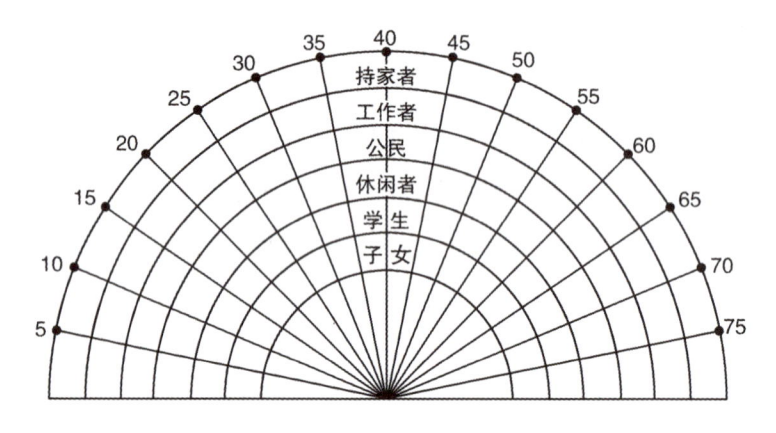

自己的生涯彩虹图

每个人都有自己的人生道路，每个人的生涯发展都具有其独特性，所以不同人的生涯彩虹图是不一样的，不必效仿他人或相互比较。在绘制自己的生涯彩虹图时，首先要想一想，哪些角色伴随自己的时间最长，将不同角色伴随自己的时间长短进行排序。其次要考虑在哪些时段对哪些角色所投入的精力较多。保存好现在画的生涯彩虹图，经过 5 年、10 年或者 20 年之后，当我们在成长道路上经历了人生的一些重要阶段后，如高中毕业、大学毕业、第一天工作……我们不妨将其拿出来对照一下，看看我们的状态与自己最初所制订的计划是否一致，如果不一致，思考为什么会有偏差，以及是否需要进行调整。

（2）**我的人生精彩瞬间**。我们已经知道了在我们的一生中会扮演很多不同的角色，人生中的每一阶段都有其独特的美好，你现在也许是小学高年级的学生，也许已经上了初中，生活对你来说是灿烂的，如同五月的鲜花。让我们一起来分享一下在你有限的人生历程中，你最满意的事情吧。

| 故事提示 | 举例 | 我最满意的故事 |
|---|---|---|
| 1.故事发生的时间、地点、概况 | 大约6年前，在幼儿园，因没有吃糖受到老师的表扬 | |
| 2.当时的身份 | 幼儿园中班的学生 | |
| 3.遇到哪些困难？ | 老师给每个人发两块糖，说如果3个小时不吃，再奖励两块 | |
| 4.当时是怎么成功做到的？ | 很想吃，但想到奖励，就忍着不吃，提示自己做一个有自制力的好孩子 | |
| 5.这个故事中你最欣赏自己的地方是什么？ | 自己抵制住了糖的诱惑，坚持没有吃 | |
| 6.这个故事给你的成长带来了哪些思考或意义？ | 做事情要经得住诱惑，要培养自己的自控能力，才能取得成功 | |

## 练习与拓展

### 一、说一说

联系实际，说说我们该如何承担起下面这些社会角色。

1.作为子女，我们应该怎样扮演好自己的角色？自己平时在家里是怎么做的？

2. 作为学生，我们应该怎么做？自己平时在哪些方面做得比较好？

_____

_____

3. 作为班级的一分子，我们应该怎么做才能为集体争得荣誉？自己在哪些方面做得好？

_____

_____

4. 作为社会中的一员，我们该如何履行我们的义务才能为社会做贡献？自己在哪些方面还要努力？

_____

_____

5. 当朋友遇到困难需要帮助的时候，我们该怎么做？当朋友取得好成绩的时候，我们又该怎么做？

_____

_____

## 二、阅读

### 老女排五连冠唯一"全勤"队员梁艳：
### 享受人生不同的角色

梁艳是我国著名的排球运动员，她与中国女排五连冠那段辉煌的历史，至今为许多老球迷所怀念。"当运动员时，站上冠军领奖台就是最大的幸福。但是人不能一直只沉浸在那段回忆中，我喜欢翻过那一页，去尝试和享受人生不同的角色。"

在人生的各个阶段，梁艳都做到了全力以赴，并最终取得了辉煌的成绩。

## 打排球

"很幸运,赶上了最好的时候。"

梁艳1961年出生,家里没人搞体育,在13岁之前都没摸过排球。她阴差阳错走上的排球路竟然一帆风顺。从1975年进入成都业余体校算起,她仅用4年就入选了国家女排集训队。1981年女排世界杯,中国女排第一次夺得世界冠军,20岁的梁艳是当时队里最年轻的队员。"我特别幸运,当替补的时候就第一次拿了世界冠军,五连冠后就退役了,赶上了最好的时候。"

对于副攻位置而言,梁艳1.77米的身高并不出众,伸出的手臂还不及身高只有1.72米的郑美珠长。这让她一度顾虑重重,甚至主动向教练邓若曾要求"换人"。"邓指导说,你想走也行,除非能找个比你更合适当副攻的人来。"此后,梁艳再也没打过退堂鼓,凭借过硬的技术和心理素质,屡屡成为中国女排的"奇兵"。"我是临场发挥型选手,在场上打球从不紧张,还特别爱笑,这种乐观的心态一直保持到了今天。"

十几年的运动员生涯,被梁艳视为最珍贵的人生标记。老女排的经历,使她的意志力、忍耐力、抗压能力都得到了很好的锤炼。

## 当编辑

"翻过这一篇,人总要向前看。"

五连冠的荣耀,让中国女排成为当时的全民偶像。她们收获了鲜花、掌声和英雄般的待遇,但随着退役,生活渐渐归于平淡。可能有人难以接受这种落差,但梁艳却满心期待"更自主的选择"。

1986年,梁艳进入中国人民大学新闻系读书,圆了自己的大学梦。本科毕业后,她来到《新体育》

杂志社工作，在总编室当编辑，一干就是四五年。梁艳在退役后非常干脆地"翻了篇儿"，不再刻意追忆或提起昔日辉煌。"她们退役后有一段时间看见排球还会手痒，我不会，过去了就过去了。以前当运动员为国争光，那是应该做的。五连冠对于我，是很美好的回忆，但人总要向前看。"

## 做老板

"喜欢改变，换种自由的活法。"

以前打球时，邓若曾评价梁艳"这丫头鬼得很"。或许正是这种性格，让梁艳再次选择了一条"不安分"的路。1995年，一次偶然的机会，梁艳下海办起一家体育文化传媒公司，从此升格为"老板"。

"我喜欢改变，不太适合朝九晚五的工作，以前当运动员太累了，想换一种自由的活法。"梁艳的公司从事与体育相关的业务，随着生意越做越大，她一度国内、国外满天飞。不过，这几年梁艳逐渐减少工作量，把重心转移到了家庭，"我想多花一些时间陪陪家人，母亲身体不好，这个阶段我想把工作停下来全心照顾老人，多尽孝心。女儿今年26岁，在清华大学读博士，我很为她骄傲。"

在梁艳看来，自己的人生已足够平顺，在知天命的年纪，珍惜当下、享受生活成为她最大的追求。打球时留下的一身伤病，让梁艳无法进行哪怕稍微剧烈一点的运动，所以她闲暇时喜欢爬爬山、钓钓鱼。"其实老女排练得最苦的时候，我都没赶上。很多队友真是为排球事业奉献了自己的全部。"

竞技体育离不开新老交替，但老女排似乎是一个异数，任光阴流逝依然常被提及和怀念。梁艳笑言，这段过往已说过太多遍，但不可否认人生的不同角色，都因"老女排"的标记而愈加闪光。"那段经历浓缩了人生，酸甜苦辣都尝过了，是我一生的精神财富。"梁艳说。

读了上面的文章，你有什么感受？梁艳的几个角色似乎都很成功，想一想，她为什么都能获得成功。我们应该向她学习些什么？

我们的身心有许多等待唤醒的潜能。唤醒潜能可以让我们更好地成长,可以助我们克服困难、创造辉煌。身体健康、内心充实、情绪饱满、斗志昂扬的人,能最好地发挥自身潜能。

## 唤醒自我潜能

## 文明健康的生活方式

　　一个人一生中会有许多美好的愿望和目标，比如健康、事业、家庭、财富、名利……而将这些目标实现的前提都是拥有健康。如果用数字来说明人生，健康就好比一个大写直立的"1"，事业、财富和名利都是在拥有健康的基础上才能享有的，它们就好比一个个"0"，所有的"0"都是健康的扩展，没有健康就没有一切，原来所拥有的和正在创造即将拥有的都会成为虚无！生涯，生而有涯，人的生命是有限的，健康的身体会给我们的生涯带来更多可能！

　　从前，有一个年轻人总是向别人抱怨自己穷，有一个老人听后认真地对他说："你觉得自己穷？可是我觉得你很富有啊！"

　　年轻人很不理解，气愤地回答："我很富有？可是我明明穷困潦倒啊！你在笑话我吗？"

老人没有正面回答，而是反问道："我出一千元买你的一只手，行不行？"

"不行。"年轻人回答道。

老人又问："我出一万元买你的一只眼睛，行不行？"

"不行。"年轻人回答。

"我出一百万元买你健康的身体，行不行？"老人步步紧逼。

"不行。"年轻人坚定地回答。

"你看到自己多么富有了吗？健全的身体就是最无价的，你想一想，有一双眼睛，你就可以学习；有一双手，你就可以劳动；有美好的青春，你就可以奋斗。拥有这么珍贵的宝库，是一件多么令人开心的事情啊。"老人微笑着说。

从这个小故事可以看出，健康是人生最大的财富，是学习、生活和未来打拼事业的有力保障，无可替代。那么，你了解每天陪伴自己的身体吗？我们每天思考、说话、吃东西、做运动、睡觉……我们怎么才能让自己的身体保持健康呢？我们的身体由运动系统、消化系统、呼吸系统、泌尿系统、生殖系统、内分泌系统、免疫系统、神经系统和循环系统等九大系统组成，只有各部分功能正常并且相互配合默契，才能保证身体健康。

为了保持健康的身体，你做了哪些努力？文明健康的生活方式会让你看起来有什么不一样呢？我们先来做个小游戏吧！

1. 请画一张你高兴时的自画像，并试着描述当时的情景。

2. 请画一张你生病时的自画像，并试着描述当时的情景。

3. 看看高兴时的自己和生病时的自己有什么不同。

## 什么是健康

世界卫生组织这样定义健康："健康乃是一种在身体上、精神上的完满状态，以及良好的适应力，而不仅仅是没有疾病和衰弱的状态。"我们通常所说的完全健康的人，就是指一个人在躯体健康、心理健康、社会适应良好和道德健康四方面都健全。世界卫生组织还提出了关于健康的10条标准：

1. 精力充沛，能从容不迫地应付日常生活和工作压力，而不感到过分紧张；
2. 态度积极，勇于承担责任，不论事情大小都不挑剔；
3. 善于休息，睡眠良好；
4. 能适应外界环境的各种变化，应变能力强；
5. 能够抵抗一般性的感冒和传染病；

6. 体重得当，身材均匀，站立时，头、肩、臂的位置协调；

7. 反应敏锐，眼睛明亮，眼睑不发炎；

8. 牙齿清洁、无空洞、无痛感、无出血现象，齿龈颜色正常；

9. 头发有光泽、无头屑；

10. 肌肉和皮肤富有弹性，走路轻松匀称。

## 健康的基石

我们应该做些什么来保持身心健康？

### 1. 作息规律

最重要的是认识并尊重身体的内在规律，生物体内有一个无形的"时钟"，被称作"生物钟"，生物钟有点儿像地铁：什么时候到哪一站有着明确的时间，偶尔出现意外打乱规律，就会给生活带来不便。

自然界中的许多动植物都有着自己独特而有趣的生物钟，例如，燕子冬天南飞；南美洲被称为"鸟钟"的第纳鸟，每 30 分钟就会叫上一阵子，而且误差只有 15 秒。在植物中也有类似的例子，在南非有一种被称为"活树钟"的大叶树，它的叶子每隔两小时就翻动一次；除此之外，还有很多植物的发芽、开花、结果都有着自己的周期节律。

人类也会受生物钟的支配，我们体内的生物节律就是我们的"生物钟"，生物钟有规律的正常运转是我们健康生活的保证。健康规律的作息习惯会使我们的身体和精神都处于最佳状态，所以调整好生物钟对我们的学习生活非常有帮助。研究表明，早上 5 点钟时，人体已经历了 3~4 个"睡眠周期"（无梦睡眠与有梦睡眠构成睡眠周期），此时睡醒起床，很快就能进入精神饱满状态；6 点钟时，血压升高，心跳加快，体温上升，肾上腺皮质激素分泌开始增加，此时机体已经苏醒，为第一次最佳记忆时期；而晚上10点钟时，体温开始下降，睡意降临，呼吸减慢，脉搏和心跳降低，激素分泌水平下降，人体内大部分功能趋于低潮，这说明身体要准备休息了。以上研究表明，要想使身体处于最佳状态，就要养成早睡早起的好习惯，早上6点左右起床，晚上10点以前入睡，以保证第二天具有充沛的精力进行学习和生活。

除了健康规律的作息习惯，1992年世界卫生组织在《维多利亚宣言》中提出健康的四大基石：合理膳食、适量运动、戒烟限酒、心理平衡。这四大基石加上健康规律的生活习惯，就组成了五把开启、维护和促进身体潜能的钥匙，以保证人们的身心健康。

### 2. 合理膳食

民以食为天，食物是维系人体生命最重要的物质，保证我们的生存需要，为我们补充营养、提供能量；同时，不同的食物会给我们带来不同的

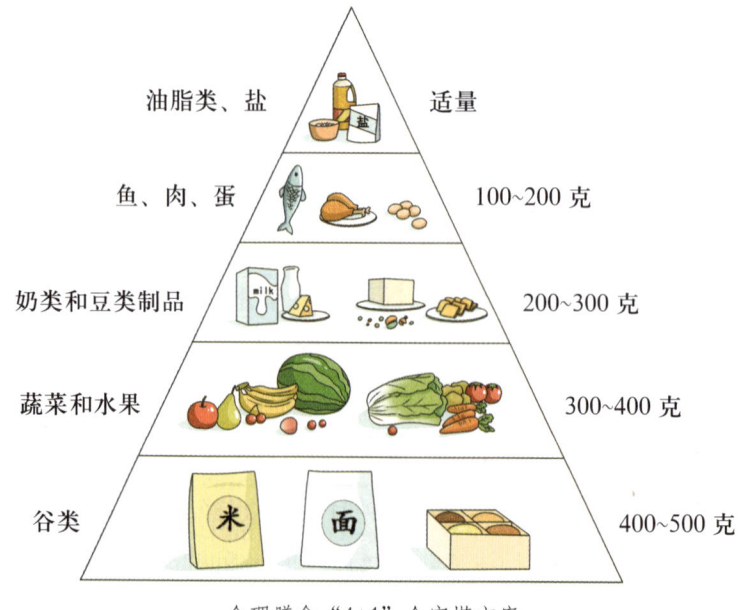

| 层级 | 食物类别 | 建议量 |
| --- | --- | --- |
| 顶层 | 油脂类、盐 | 适量 |
| 第二层 | 鱼、肉、蛋 | 100~200克 |
| 第三层 | 奶类和豆类制品 | 200~300克 |
| 第四层 | 蔬菜和水果 | 300~400克 |
| 底层 | 谷类 | 400~500克 |

合理膳食"4+1"金字塔方案

感受，比如，满足、愉悦等情绪会缓解压力。食以安为先，除了食品安全，健康合理的膳食非常重要。合理的膳食可以让你体质健康、身材匀称，远离疾病的困扰。那么，如何做到合理膳食呢？

中国营养协会根据中国人的实际饮食情况制定了"平衡膳食金字塔"，平衡膳食金字塔分为五层，里面包含我们每天应吃的主要食物种类。各类食物在膳食中的地位和应占的比重不同，所以在金字塔中的位置和面积也不同。

第一层（底层）：谷类。包括米、面、杂粮。主要提供碳水化合物、蛋白质、膳食纤维及B族维生素。它们是膳食中能量的主要来源，多种谷类掺着吃比单吃一种好，特别是以玉米或高粱为主要食物时，应当搭配一些其他的谷类或豆类食物。碳水化合物是人体不可缺少的营养物质，研究表明，通过较长时间（半年）减少主食的摄入来减轻体重与其他低能量膳食模式相比，其效果并无差别，而且前者容易引起口臭、腹泻和疲劳等多种副作用，所以并不可取。

第二层：蔬菜和水果。主要提供膳食纤维、矿物质、维生素和胡萝卜素等。蔬菜和水果这两类食物，各有优势，不能完全相互替代。一般来说，红、绿、黄等颜色较深的蔬菜和深黄色水果所含的营养素比较丰富，所以日常应多食用深色蔬菜和水果。

第三层：奶类和豆类制品。奶类和豆类制品除了含丰富优质的蛋白质和维生素，含钙量也较高，且利用率也高，是天然钙质的极好来源。如果肠胃不适合喝牛奶，可以选择豆浆或酸奶。

第四层：鱼、肉、蛋。主要提供动物性蛋白质和一些重要的矿物质和维生素。

第五层（塔尖）：油脂类、盐。主要提供能量。植物油还可以提供维生素E和人体所必需的脂肪酸。

从"平衡膳食'4+1'金字塔"中可以看出我们的日常饮食应该多种多样，摄取各种食物才能满足人体的需要，达到合理营养、促进健康的目的。

青少年正处于生长发育的黄金时期，身体发育和紧张的学习生活都需要充分的营养供应，除了合理膳食，养成健康良好的饮食习惯也同样重要。不挑食，不偏食，不暴饮暴食，尽量少喝饮料、少吃零食、少用快餐，避免肥胖症或营养不良症的发生，有助于塑造健美的体态和保持身体的健康。希望拥有充沛的精力、健美的身材的同学们，请从合理膳食、养成良好的饮食习惯开始做起吧！

### 3. 适量运动

运动除了让我们的身体更加健康，还会对我们的心情产生影响。大脑在运动后会产生一种名为内啡肽的物质，在内啡肽的激发下，会使人们的身心处于一种轻松愉悦的状态，同时内啡肽还可以帮助人们排遣压力和不快，所以这种物质也被称为"快乐激素"。内啡肽研究者、诺贝尔奖金获得者罗杰·吉尔曼发现，人体产生内啡肽最多的区域以及内啡肽受体最集中的区域，就是与学习和记忆相关的区域，因此，内啡肽被证明具有提高学习成绩、加深记忆的作用。

我们还可以从一个实验看出运动和学习的关系。芝加哥附近有一所中学推行零时体育计划，这个计划就是在学生没正式上课之前，让其早上7点到校跑步、做运动，一直要运动到学生的心率达到最高值或其摄氧量达到人体最大摄氧量的70%才开始上课。结果发现，学生在运动后更加专注，课堂氛围非常好，到学期末，参加零时体育计划的学生在阅读水平和理解能力方面比只上正规体育课的学生高10%，而且打架事件也有所减少。

此项实验表明原来我们在运动时会产生内啡肽、多巴胺和血清素，这三种神经传导物质都和学习有关。研究者也发现在斯坦福成就测验中，那些体能好的学生的数学和英文成绩都高于平均水平。

跑步是一种非常好的运动。奥林匹克的故乡是古希腊，在那里，山上的岩石上刻着这样的话：你想变得健康吗？那就跑步吧！你想变得聪明吗？那就跑步吧！你想变得美丽吗？那就跑步吧！走路同样是世界上最好的运动之一，同时走路也是软化动脉的一个最有效的方法。除了跑步和走路，打太极拳也是非常有效的运动方式，它柔中有刚，阴阳结合，对中枢神经系统有很好的促进作用，长时间练拳的人，平衡功能会得到非常大的改善。

在这里，我们需要注意，不管进行何种运动，要适可而止，过量运动会带来危险，严重时甚至会造成猝死。那么，怎样做到适度运动呢？人体机能水平的提高是一个逐步发展过程，锻炼所引起的身体形态、生理等方面的良好变化，也需要经过由少到多的逐渐积累。锻炼频率通常是每周 3 次以上，每次持续 30 分钟即可达到健身的目的，运动的强度要以自身感觉为主。通常医生会在一个人锻炼时监测其心脏的活动情况，以此来检验此人的心脏是否健康。

我们也来照此做一做吧，看看身体会有什么变化。首先静坐 1 分钟，然后用右手的食指和中指轻轻地压在左手手腕上靠近拇指的一侧，最后检查脉搏。数 1 分钟的脉搏数，然后马上出去慢跑 1 分钟，回来再数 1 分钟的脉搏数。比较两次的脉搏数有何不同，你知道这是为什么吗？

### 4. 远离烟酒

先说烟。每年的 5 月 31 日为世界无烟日，其意义是宣扬不吸烟的理念。2005 年 2 月 27 日，由世界卫生组织发起的《烟草控制框架公约》正式生效。这是世界上第一个有关烟草控制的公约，被称为人类卫生史上的里程碑。作为全球最大的烟草生产和消费国，我国也签署了这一公约。吸烟对人体有百害而无一利，愿人人远离烟害。

吸烟对身体正在快速生长的青少年来说，危害更大。

第一，吸烟影响身体发育。某市一所中学对学生进行了身高、体重、胸围、肺活量等多项体格检查，发现吸烟的学生各项生长发育指标均低于不吸烟的学生，而且吸烟还会使其肺部和心脏的发育受到影响，对女生而言，吸烟还会引起月经紊乱和痛经。

第二，吸烟影响认知功能。吸烟会促使人体中的血红蛋白与烟雾中的一氧化碳结合，妨碍血红蛋白与氧结合，使血液中的含氧量降低，导致大脑中的氧供应不足，长期如此，脑细胞会受损，造成记忆力减退、反应迟钝等认知障碍。

第三，吸烟会增加问题行为。吸烟增加了日常消费，为了买烟，学生容易违反纪律或是做出其他的不当行为。同时，由于学校不允许吸烟，吸烟的学生容易因此受到其他同学的排斥而加入小帮派或是小团伙，染上更多的不良习惯，甚至走上吸毒等犯罪道路。

再说酒。对于成年人，适量饮酒可以促进血液循环，但过量饮酒则不利于五脏的健康，影响肠胃的消化吸收和营养物质的新陈代谢，对各种疾病的治疗和康复也有较大的负面影响。对于我们未成年人来说，饮酒会影响身体的健康发育，要杜绝饮酒。

此外，抽烟饮酒等不良嗜好还有可能影响我们职业的选择和理想的实现。比如，飞行员等职业，就明确要求没有不良嗜好，对身体有着特殊的要求，只有具备良好的身体素质，才能保证圆满地完成学业并长期胜任飞行工作。因此，养成文明健康的生活方式与实现我们美好的理想之间有密切的关系。

### 5. 乐观的心态

（1）**了解自我、悦纳自我**。随着社会的发展，我们所面对的世界越来越多元化，孩子接受的信息量比以往任何时期的都要大，接触、学习和掌握的知识技能也比以往任何时期的都要多，同时也面临着更多且各种各样的选择。你思考过"我是谁""我要去哪儿""我怎么去"这样的问题吗？你认为自己是一个怎样的人呢？

自我认识是一件十分重要且难度颇高的事情。之所以重要，是因为只有正确地认识自己，才会使人产生自尊和自信，也才有成功的可能。认识自己的困难在于，一是如何在克服主观意志的控制下，尽量客观而公正地评价自己。二是有自知之明，能接受自己的优点，也能接受自己的不足。三是能不断克服缺点，同时不会对自己提出苛刻且过分的期望与要求。自身的不足或是挫折感体验强烈的地方，都可以成为我们自我成长的起点。

马云在 1999 年和他的团队成立了阿里巴巴，从此成就了一个奇迹。

他成为这个时代备受瞩目的人物，他所创造的奇迹甚至使人们猜测他来自外星球，他的长相也常被人们拿来和外星人ET相对比，连他自己也经常自嘲长得像外星人，可这并未妨碍马云在电商领域获得成功。但是在他的青少年时期，外貌却一度成为他的困扰，他曾经的梦想是去酒店做服务员，也梦想过做警察，但是统统因为外貌被拒绝。而如今，马云在与杨致远的斯坦福"炉边谈话"中说："老实说我很幸运，或者这样说，我要么是世界上最幸运的人，要么是世界上最倒霉的人。倒霉的是我哪儿都去不了，我没啥隐私，人家说我长得丑，我觉得我只是长得比较独特罢了，我很清楚我是谁。想想我的爸妈，他们既非政要，也非商界精英，所以我选择白手起家。"

上面这段有关马云的文字，对你是不是有所启示？客观地认识自我、评价自我、悦纳自我，与掌握自己的未来，规划自己的职业生涯关系密切。

(2) **热爱生活，乐于工作**。能够珍惜和热爱生活，积极投身于学习和生活，并且能够从中感受、享受到乐趣。能够胜任学习和生活中的不同角色，充分发挥自己的个性和聪明才智，利用现有条件或创造条件（比如调动已有的知识和各种资源），从学习和生活成果中获得满足和激励，实现自我价值。我们来看一个真实的故事：

有一个叫黄美廉的女子，从小就患上了脑性麻痹症。患这种病的人，肢体会失去平衡感，手足会时常乱动，口里也会经常念叨着模糊不清的词语，模样怪异。医生根据黄美廉的情况，判定她活不过6岁。但黄美廉却坚强地活了下来，并且靠顽强的意志和毅力，考上了美国著名的加州大学，还获得了艺术博士学位。

在一次讲演会上，一位学生贸然地提问："黄博士，你从小长成这个样子，请问你怎么看你自己？你有过怨恨吗？"在场的人都暗暗责怪这个学生的不敬，但黄美廉却没有半点不高兴，她十分坦然地在黑板上写下了这么几行字：

我好可爱；

我的腿很长很美；

爸爸妈妈那么爱我；

我会画画，我会写稿；

我有一只可爱的猫……

最后，她以一句话作结论："我只看我所拥有的，不看我所没有的！"

你有没有被黄美廉不向命运屈服、热爱生命的精神感动？

(3) **能协调与控制情绪，心境良好。**

有一个脾气很坏的男孩，一天，他的父亲给了他一袋钉子，并且告诉他，每当他发脾气的时候就钉一颗钉子在后院的围栏上。第一天，这个男孩钉下了37颗钉子。慢慢地，男孩每天钉下钉子的数量减少了，他发现控制自己的脾气要比钉下那些钉子容易多了。终于有一天，这个男孩再也不会失去耐性，乱发脾气了。他告诉了父亲这件事情，父亲又说，从现在开始，每当他能控制自己脾气的时候，就拔除一颗钉子。一天天过去了，最后男孩告诉他的父亲，他终于把所有钉子给拔出来了。

父亲握着他的手，来到后院说："你做得很好，我的好孩子。但是，看看那些围栏上的洞，这些围栏永远不能恢复到从前的样子了。你生气时说的话就像这些钉子一样会留下疤痕，如果你拿刀子捅别人一刀，不管你说了多少次对不起，那个伤口将永远存在，话语的伤痛就像刀子的伤痛一样令人无法承受。"

从这个故事可以看出，我们应该努力做"情绪的主人"；因为如果我们成为"情绪的仆人"，就会被情绪控制着做出不适当的行为，说出不适当的话，不高兴时就会乱发脾气、说出过火伤人的话。

要做情绪的主人就要学会适度地表达和控制自己的情绪，尽量保持愉快、乐观、开朗等积极情绪，当消极情绪出现时，能够及时觉察并有意识地进行调节。缓解消极情绪的方法有很多，每个人都会有适合自己的方法，比如找好朋友倾诉；写日记，把自己的感受记录下来；和自己的情绪对话；调节认知，客观合理地看待事情；运动或是听音乐等。

文明健康的生活方式为我们的身体正常运行提供了不竭的动力，作息规律、合理膳食、适量运动、远离烟酒、乐观的心态等涵盖了生活的各个方面，也许有很多细节是我们所不熟悉的，但是只要用心去学习和感受，我们就会养成越来越多健康的生活习惯。

## 练习与拓展

### 一、测一测

对作息规律、合理膳食、适量运动、远离烟酒和乐观的心态这五项内容，我们已经做了详细说明，那么，我们就来对自己在这五个方面的表现打分吧：各项都做得很好是 10 分，完全没做到是 0 分。如果分数不高，你觉得可以做些什么来提高分数呢？

| 内容 | 打分 | 打分依据 | 你还可以做些什么努力呢？ |
|---|---|---|---|
| 作息规律 | | | |
| 合理膳食 | | | |
| 适量运动 | | | |
| 远离烟酒 | | | |
| 乐观的心态 | | | |

## 二、做一做

通常来说，坚持做一件事 21 天就能够将其养成一个习惯，坚持做 3 个月这个习惯就会稳定下来。在日常生活中，自己有哪些习惯是需要改善的呢？让我们就从现在开始改变自己的不良习惯，并努力培养良好的习惯吧！我们先制订一个有关健康的计划并去实施它，看看自己将会有什么样的变化吧！

1. 写出这个月你想在健康方面达到的目标。

2. 实现这个目标会对你的健康产生什么影响？

3. 你的计划是什么呢？

4. 记录自己的努力和进步，并且给自己一个鼓励吧！

| 时间 | 努力 | 进步 | 鼓励自己 |
| --- | --- | --- | --- |
| 举例：第七天 | 战胜了心里那个"怕累"的我，坚持步行了30分钟 | 不知不觉竟然走了2.5千米 | 加油啊，小宇宙继续燃烧吧！ |
|  |  |  |  |
|  |  |  |  |
|  |  |  |  |
|  |  |  |  |
|  |  |  |  |
|  |  |  |  |

5. 一个月后，对你的计划实施情况做个总结吧。

## 在挫折中成长

综观人的一生就像连绵起伏的群山，并不是一马平川，总会有些曲曲折折。挫折会以各种形式出现在我们的生命中，羁绊住我们前进的脚步，比如考试没考好、围棋比赛输掉了、竞选班干部失败了、被好朋友误会或拒绝了……对于内心强大的人来说，挫折不过是一种曲折的前行，一路走，一路观风景；而对于内心弱小的人来说，挫折则是一座难以逾越的大山，让人看不到终点。你有没有发现：很多时候经过挫折的锤炼，我们的意志会更加坚定，那些在某个时间点让我们觉得苦不堪言的东西，再回首，却让我们感受到了成长的快乐。

### 抱怨没有用，一切靠自己

崔万志出生在肥东县的一个农户家庭，出生的时候脚朝下，头却被卡住，一连几个小时都没生出来，终于生下来的时候还没有呼吸，于是赤脚

医生就抓着他的脚脖朝下使劲地抖，几经周折他才有了第一声微弱的哭泣。9岁上小学的时候，从他家到小学之间有一条沟，别人很容易就能跨过去，可他就跨不过去。但他不愿意父母天天背着他送他上学，于是就试着蹲下去趴在地上，然后爬到沟底再爬上来，就这样他过去了，从此他领悟了"人生没有过不去的坎儿"这一道理。

上高中那年，因中考成绩在县里名列前茅，他被一所重点高中录取了。学费也交了床单也铺了，校长却发现了他的残疾，于是就把他的行李扔到了校门之外，校长认为就算他考上了大学也没有学校会录取他。崔万志恨命运不公平，但他爸爸却对他说："万志，你听着，抱怨没有用，书还要不要读？"他说要，他爸爸说："回家吧，一切靠自己。"

一切靠自己。考大学的时候他真的害怕没有大学收，于是他选择了一所比较偏僻且离家很远的大学，很幸运他被录取了。大学毕业以后他和所有的大学毕业生一样面临着找工作的问题，他天天跑人才市场且投了上百份简历，但没有一家单位要他。最后一次去找工作时，他很早很早就去排队，排在第一位，可是当面试的招聘人员看到他的情况后就指着他说："你快走开，别挡着后面的人。"从那以后他再也没有去找过工作，那天走在大街上，风好大，他的眼泪忍不住地流了下来，心里非常绝望。但当他想起父亲的话"一切靠自己"时，他又改变了想法，改变不了现实他就改变自己，于是他不再抱怨甚至不再难过。他去摆地摊卖旧书、卖卡片，半年后他开了一个自己的小书店，再后来开音像店、开超市，虽然他的书店被烧过、超市被偷过，但他始终没有放弃。

后来他开网店的时候，把几年来积蓄的20多万元一下子亏光了，可他并没有放弃，随后又成立了自己的电子商务公司，背上了外债400万，但是所有的委屈、挫折和痛苦他都埋藏在心里，因为他知道抱怨没有用，一切靠自己。就这样他坚持、坚持、再坚持，一直把旗袍做到了天猫第一名。

和崔万志一样，历史上有许多名人的成长道路都不是一帆风顺的，他们的成功、成才同样充满了挫折和坎坷。司马迁曾经写道："文王拘而演《周易》；仲尼厄而作《春秋》；屈原放逐，乃赋《离骚》；左丘失明，厥有《国语》……"司马迁本人也在含冤遭受宫刑的奇耻大辱中奋起，写出了千古不朽的《史记》……从某种意义上讲，也正是这些挫折成就了他们。

心理学研究表明：挫折使人对所要面临的问题能有更清醒、更深刻的认识，可以使人学会思考，调整行为，以更优的方式去实现自己的目标，成就自己的事业。挫折能增强人的承受力，使其形成坚强的性格，也可以激发人的潜力，磨炼其意志，强大其内心。

世界上没有人不经过艰苦磨难而成就大业，任何人成长、成才、成功的过程都不可能一帆风顺、称心如意，只有经得住困难、挫折和失败的考验，才能使人变得成熟，为将来的成功打下基础。承受不了挫折、失败和苦难的人只会一事无成。

## 什么是挫折？

挫折是指个体在通向目标的过程中遇到难以克服的障碍或干扰，使目标不能达到、需要无法满足时，所产生的紧张状态与情绪反应。比如，小亮希望经过一段时间的认真复习，在期中考试中数学成绩的排名能够有所进步，可是成绩下来后却仍然是老样子，他觉得自己真是太笨了，感到非常烦恼、委屈、焦虑，干什么都提不起精神。可见，挫折情境、挫折认知和挫折反应是组成挫折的三个要素。挫折情境，也就是挫折源；挫折认知，也就是个体对挫折情境的知觉、认识和评价；挫折反应，也就是在挫折中个体的心理感受和情绪体验、生理反应和行为反应。

现实中的挫折情境有两种情况，一种是我们实际遭受的挫折，一种是我们主观想象的挫折。实际挫折对我们的影响是有形的、可以估量的，比如考试成绩下降了，这是现实的，根据具体情况和经验可以看到退步的程度，在这里，小测验和中考，分别有着不同的影响；而想象挫折的影响往往是无形的、不可估量的，它会随着人们的想象发生变化、无限扩大，甚至在我们还未行动时，就把我们击倒在地，比如由于担心考试成绩不好，我们的脑海中会无法抑制地浮现出考试失利后的种种情境，而此时这种挫折是主观的、并未发生的，但却会对我们产生巨大的影响，使我们出现无法集中精神复习的情况，甚至想到考试就出现胸闷、呼吸急促、出汗、失眠等生理变化。

挫折有时是由客观因素引起的，比如意外事件、天灾人祸、疾病等自然因素；有时是由主观因素引起的，比如因奋斗目标定得过高、能力与期望值之间存在一定的差距而造成目标无法达成等。

## 挫折的应对

### 1. 积极的调节方式

在生活中遇到困难或是挫折时，我们往往会采用一些方式来维持心理平衡，这些方式就是心理学中所说的心理防御机制。有的心理防御机制有利于身心健康，有的则对身心健康有害。理想的心理防御机制是遇到挫折后，将自己内心的痛苦通过合乎社会伦理道德的方式表现出来，不会对自己和他人造成伤害。

(1) **合理宣泄**。人的心理承受能力是有限的，当一个人的内心积压了很多消极情绪时，就会出现严重的心理失衡，如果不能及时得到调节，就很容易导致疾病。如果能够找一个恰当的对象或是出口（比如运动、倾诉）将个人的消极情绪宣泄出去，心中积压的委屈或不满等负面情绪就会得到缓解，从而逐渐恢复心理平衡。

合理宣泄的方式有很多种，可以用艺术创作的方式，把内心所想的写出来或是画出来。也可以找知心朋友倾诉，把烦恼、不满和委屈都说出来，如果不好意思，可以找"树洞"倾诉。（"树洞"来源于外国童话《国王长着驴耳朵》，故事中国王长了对驴耳朵，许多给他理发的人都会因忍不住把这件事说出去而被砍头。有一天，有个理发师实在憋不住了，但又不敢乱说，于是便对着树洞一吐为快，所以后来"树洞"指用来供人倾吐秘密、发泄情绪的地方）还可以通过跑步、打球等运动方式，将体内的负面能量向外界发泄。一旦这种负面情绪得以宣泄，人的内心便会产生一种如释重负的感觉，心情就会舒畅起来，随后就可以客观地思考如何解决所面临的问题。

(2) **补偿**。遇到挫折后，通过别的事物把因挫折带来的损失从内心体验到行为给予补偿，补偿可分为消极性的补偿与积极性的补偿。所谓消极性的补偿，是指我们用来弥补缺陷的方法，这种方法不仅不能给我们带来帮助，有时甚至还会给我们带来更大的伤害。比如在现实的班级生活中被孤立后，就通过网络社交建立关系并获得接纳来弥补内心的失落，从而造成沉溺于网络、逃避现实的行为后果，这种方式就属于消极性的补偿。而积极性的补偿，就是运用能够将我们向积极方面转变的方法，去获得心理平衡。比如学习成绩不好，但是乒乓球打得非常出色，我们就可以通过打乒乓球来激发自己的学习动力。

(3) **升华**。这是遇到挫折后,最积极、最富有建设性的应对挫折的方法之一。受挫后,化悲痛为力量,发愤图强,实现更新、更高的目标。比如在历史上,司马迁是将挫折升华,从而激发创造力的典范,当司马迁汇集了大量材料,准备专心撰写《史记》的时候,由于李陵事件被汉武帝投进监狱,并判以死刑。最后虽免于一死,却被处以宫刑,这是一种奇耻大辱。但是司马迁并未因此而感到绝望,而是将他的痛苦、他的悲愤、他的爱和恨倾注于笔端,写下了《史记》这部千古绝唱,为中国史学立下了一座不朽的丰碑。又比如在现实生活中,有的同学从小体弱多病,因此在学习生活中遇到过很多挫折,但他们并没有被挫折打倒,还立志学习医学,长大后救死扶伤,这也是一种升华。

(4) **幽默**。以幽默的语言或行为缓解紧张的情绪和挫折困境。比如苏格拉底正在和朋友讨论学术问题的时候,他的夫人却突然跑来,先是破口大骂,接着又对其泼了一盆水,把他全身都弄湿了。对此苏格拉底只是笑笑说:"我早知道,打雷之后一定会下雨。"这本来是很尴尬的场面,经此幽默,立即化解。

### 2. 合理分析原因

一个人即使非常努力,也不可能在每项任务上都获得成功。当面对挫折时,我们会寻找其原因——即归因。有时候,为摆脱痛苦、减轻不安,恢复心理平衡与稳定,我们会有不同的应对方式,较常采用的是合理化,即会找一些看起来充分而合理的理由为自己开脱,使自己心理上得到安慰,感到好受一些。例如体育考试没过关,却不愿意承认自己没努力锻炼,而是安慰自己"妈妈体育也不好,这是遗传",或是安慰自己"只不过运动细胞不够发达而已,学习成绩好就可以了"等。

我们采用何种应对方式,取决于我们如何认识和评价面临的挫折。让我们先来想象以下两个场景:

**场景 1**

你发现这次自己的数学考试成绩在班里名列前茅，为什么这次考试大部分同学都没考好，你却考得这么好呢？写下几个可能的原因来解释为什么自己会在这次数学考试中得到高分。

**场景 2**

在接下来的语文课上，你得知自己这次语文考试成绩竟然只是及格！为什么这次会考得这么不好呢？写下几个可能的原因来解释为什么这次语文考试成绩不理想。

数学成绩优秀你可能会写下这样的原因：

（1）我学习努力；

（2）我聪明；

（3）我有数学天分；

（4）我很幸运，数学考试恰好考了我会的题目；

（5）数学老师喜欢我。

相应地，语文成绩不理想你可能会写下这样的原因：

（1）我学习不够努力；

（2）我没有语文天分；

（3）我学的知识不准确；

（4）我旁边同学的咳嗽声不断地分散我的注意力；

（5）我不够幸运，语文考试恰好考了我不会的题目；

（6）考试题目不清晰。

以上这些分析哪些会是你的答案呢？我们所写下的这些原因是我们对影响成绩的行为以及其他因素的看法，也就是"归因"。我们总会对学习和生活中的事件归因——为什么成绩不理想？为什么自己不受同伴欢迎？等等。归因方式有以下三个方面：

**控制点：**分内部因素与外部因素，比如努力、能力是个人因素，运气、他人行为是环境因素。

**稳定性**：比如天赋、遗传是稳定的，运气、身体状态是不稳定的。

**可控性**：比如认为考试成绩取决于自己是否复习了是可控的，而认为考试成绩取决于身边所坐同伴是否因感冒而发出声音打扰自己或者自己是否有天赋就是不可控的了。

你是否发现，由于归因是自己对原因的分析，所以它不一定会反映事件的真实情况。通常，我们总是将成功归因于内部因素，比如学习努力、能力强；将失败归因于外部因素，比如运气、他人的行为。将成功的事情归于自己，将失败的事情归于其他，有助于保持自我价值感。然而，当我们总是失败时，特别是看到同伴在相同的任务上取得成功时，我们往往会将失败归因于稳定的、看似不可控的内部因素，比如能力不强等。

可见，面对挫折，我们所做的归因情况分析就是我们的挫折认知，而挫折认知会直接影响我们的挫折反应。让我们仍然回到上面的两个场景，设想三周后你要参加这两门课的第二次考试，你会如何准备呢？

**场景 1**

数学成绩优秀，如果你将上次的好成绩归因于自己学习努力，那么你仍然会努力复习来准备这次考试；如果你将上次的好成绩归因于你在数学上有天分或是你聪明，那么这次考试你可能不会做太多准备；如果你将上次的好成绩归因于运气好，那么这次考试你可能根本不会做准备，但是你可能会在这次考试时穿和上次一样的衣服；如果你将上次的好成绩归因于老师喜欢你，那么你可能会认为找到让老师继续喜欢你的方法比复习考试更重要。

**场景 2**

语文成绩不理想，如果你将上次考试成绩不好归因于努力不够或是恰好没有复习到考试内容，那么你可能这次考试会用更多的时间来准备，面对挫折你会更加努力和坚持；如果你将上次考试成绩不好归因于旁边的同学打扰了你或是考试题目不清晰，那么这次考试你可能仍然和上次一样备考；如果你将上次考试成绩不好归因于没有语文天分，那么这次考试你可能根本不会做准备，面对挫折会更容易放弃，因为当你认为自己无法控制成绩好坏时，会认为做准备是没有用的。

同样，不同的归因，挫折认知不同，所带来的挫折感受和期待也不同。

首先是挫折感受不同，成功会高兴，失败会难过，但是归因还会带来其他感受。当我们将结果归因于个人因素，也就是内部因素时，会对成功感到自豪，对失败感到惭愧和羞耻，惭愧和羞耻往往能够激发学习者的斗志，从而克服面临的困难。而如果将结果归因于环境因素，也就是外部因素时，往往会很生气或很无奈，但不会激发你做出有效的改变。其次是期待也不同，如果将成功和失败归因于稳定因素，比如天赋，你就会期望未来的成绩和现在相似；如果将成功和失败归因于不稳定因素，比如运气，那么当前的成败并不会影响你对未来的期待。

可见，对结果进行归因后，有的人会选择逃避或直接放弃，有的人会进一步思考后接受挑战：如何改变方法策略，解决难题，实现目标；是否需要改变路径，绕过难题，实现目标；如果困难不可逾越，是否需要修改目标，改变行为方向。那些将成功归因于内部、可控因素的人更有可能积极地面对挫折。

### 3. 审视"目标"

面对挫折，在分析其原因的过程中，很重要的一点就是审视目标，目标过大，在实施过程中总是无法达成，就会产生目标根本实现不了的挫败感；目标模糊，就会妨碍目标的具体实施，无法对其进行客观的评价，也容易产生挫败感。所以，从过程入手，根据逻辑关系将大目标分解成一个个可达成的小目标是非常重要的，那么什么样的目标才能更有效地推进发展呢？让我们来了解一下目标的黄金原则——SMART，这是五条原则的英文首字母，来看看你的目标是否符合"黄金原则"吧。

第一，明确性原则（Specific），所谓明确就是要用具体的语言清楚地说明要达成的行为标准。比如"提高学习成绩"，这个目标的描述就很不明确，是提高哪一学科的成绩，数学、语文还是所有学科的总分呢？是提高平常的作业成绩，还是提高期末考试的成绩呢？提高的标准是什么？是和自己现在的成绩比，还是在班级中的排名呢？等等。

第二，可衡量原则（Measurable），可衡量就是指目标应该是明确的，而不是模糊的，应该有一组明确的数据，作为衡量是否达成目标的依据。如果制定的目标没有办法衡量，那么就无法判断这个目标是否实现。比如，"每天晚上背10个单词"就比"每天晚上背单词"目标描述得清晰明确、可衡量。

第三，可实现性（Attainable），可实现性是指目标在现实条件下是否可行、可操作。在目标制定时需要客观估计当前的条件以及达成目标所需要的条件，比如时间、精力、客观环境等，这样能够保证制定的目标既与我们的能力相符合，又能保证目标的实际意义，不会过大过空。比如"我要参加半个月后的马拉松"，而现实情况是目前为止你连半个马拉松的距离还没有跑过，如果这个目标并不只是说说而已，那么半个月后你可能就会遇到困难，你的期望目标不太现实，这不是一个可行的好目标。

可实现性是指目标要能够被执行人所接受，而不是勉强的或心理和行为上所抗拒的，这样才能保证完成目标。比如父母要求"每晚跑步3千米"，你反抗无效，于是每天各种拖沓，因为"这是你们强加给我的，我说过我做不到"，结果与期望往往背道而驰。

第四，相关性（Relevant），相关性是指实现此目标与其他目标的关联情况。如果实现了这个目标，但它与其他的目标完全不相关，或者相关度很低，那么达到这个目标的意义就会相对变小。比如对学习来说，不同学科的目标既独立又相互联系。

第五，时限性（Timed），时限性是指目标是有时间限制的。比如"我将在20××年5月10日之前完成某事"就比"我会尽快完成某事"更明确，20××年5月10日是一个确定的时间限制，有时间限制的目标就具有可考核性。

目标的科学制定过程既能有效降低失败的可能性，又能在遇到挫折后有针对性地重新修订目标，解决问题。

### 4. 积极心态

谈到面对挫折时所持有的积极心态，恐怕最有代表性的就是英国杰出的科学家霍金了。他一生经历的挫折数不胜数。

21岁时，年轻的霍金患上了罕见的肌萎缩性脊髓侧索硬化症，即卢伽雷氏症。医生说他最多只能活上2~3年。命运抛给年轻的霍金一个残酷的挑战，但是面对挫折，霍金从未放弃，他用自强不息的精神使其有限的生命闪闪发光。如果他对命运说"算了，反正只能活一年了"，也许他就这样碌碌无为地死去了，但他却顽强地拼搏着，与疾病做着斗争，永不放弃。随着病情一天天加重，霍金站不住了，坐上了轮椅，再后来他的十个手指中，只有两个能动。1984年，霍金连说话都已经相当困难，说一句话要好长时间。1985年他又得了肺炎，手术后就再也不能说话了。后来人们在他的轮椅上安装了

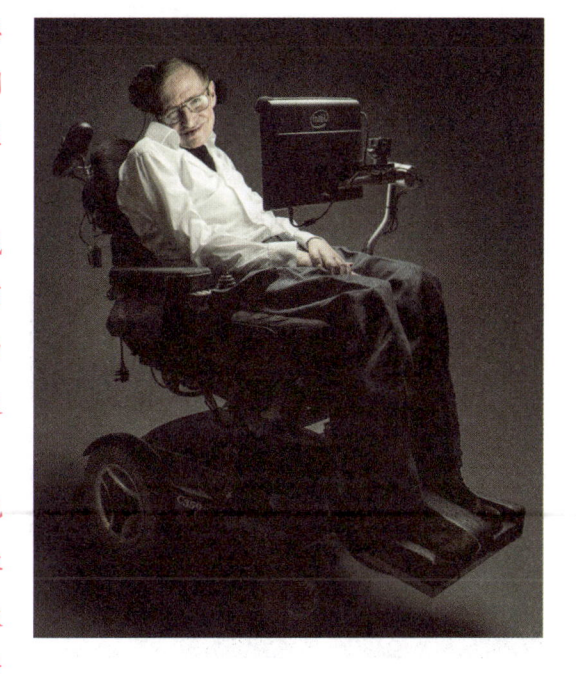

一体电脑和语音合成器,他只要用手指敲出想说的字,语音合成器就可以发出声音来。到了 2012 年,他的手指已经不能再敲字了,而是通过面部表情操作软件进行输入,每分钟只能打 3~4 个单词,但就这样,他仍然坚持工作。面对他的顽强,命运也发生了改变,他有意义地活着,他把自己的科学著作《时间简史——从大爆炸到黑洞》献给了世人。2018 年 3 月 14 日霍金去世,享年 76 岁。其生命历程不仅是医学史上的奇迹,更彰显出霍金面对挫折不放弃,与命运抗争的宝贵精神。

美国著名的人际关系学大师卡耐基认为:人的一生当中,总会遭遇一些不如意的事情,其实每件事情都没有最差的情况,就看我们怎么去对待。就像这个世界上总会有阴暗面,当阳光从天空照射下来的时候,总会有照不到的地方。如果我们的眼睛只盯在黑暗的地方,抱怨世界的黑暗,那么,我们就只能得到黑暗。

## 5. 体验、享受过程

爱迪生为了发明电灯,和他的团队反复尝试实验了 1200 多种耐热材料和 600 多种植物纤维,最后终于制成了第一个能够发光 45 小时的炭丝灯泡。当别人问他失败这么多次,为什么还能坚持时,他回答道:"我没有失败,我只是找到了 1000 多种不适合做灯泡的材料。"这样的事情不止一件,在爱迪生的发明生涯中,最费苦心的是"电池的发明"。他为了发明电池,整整花费了 10 年光阴,耗费了 300 万元巨资,实验 5 万次之多。在失败了

8000多次的时候，他说道："唉，我至少知道了8000种不能使蓄电池工作的东西了。"

从这两个事例中可以看到，爱迪生在受挫上千次后，依然兴致勃勃，并没有气馁。你有没有发现，数千次的不断尝试，也就是我们眼中数千次的受挫，可在爱迪生眼中却有着完全不同的视角，从他的解释中我们可以品出有趣的感受，甚至能听出他和这数千次尝试相遇后的那种惊喜，这些都源于爱迪生有着明确的方向和强大的动力。他说："我的人生哲学是工作，我要揭示大自然的奥秘，为人类造福。""我始终不愿抛弃我的奋斗生活，我极端重视奋斗得来的经验，尤其是战胜困难后所得到的愉快。一个人要先经过困难，然后踏进顺境，才觉得受用、舒适。"当我们面临困境、遇到挫折时，要学会给自己许可证，也就是接受自己的感受，接受这个困境，接受现实，它已经发生了，我对此什么也做不了，能够改变的只有我对它的诠释以及接下来的应对，这时就会进入到下一步，也就是重建，对困境进行积极的诠释，这其中有什么闪光点？有什么成长的机会？如果只关注目标，那么碰壁就是挫折，如果关注的是在过程中的每一次发现，那么碰壁的本身就是获得。

可见，人的心理状态是外界刺激和内部因素交互作用的结果，挫折情境虽然会给我们带来暂时的干扰，但是合理的认知、积极的心态和适当的应对会让我们看到更多的可能性。挫折能够促进人们反思，通过总结经验、反思自己的认知过程，让我们意识到我们需要改变或提升，从而有意识地去寻找、发现改变的方法并付诸行动，提高解决问题的能力；挫折能够激发内部动力，为了实现目标，尽己所能做出更大努力，随着问题解决，个人往往会有突破性的成长。挫折是一种挑战和考验，勇于面对挫折、战胜挫折会提升一个人的内部力量，增强个体的自我认可和自我效能感，同时，这种经验的积累也会提高个人对挫折的承受能力。面对挫折时我们所选择的解决方式，决定着最终的结果——是否实现目标。

## 练习与拓展

### 一、想一想

挫折是人生的必修课，你一定既有成功克服困难的经验，也有处理得不太满意的经历。想一想，在自己处理得最满意和最不满意的挫折事件中，你都是怎么做的呢？

**表 1　自己最满意的一次应对**

| 问题 | 回答 |
| --- | --- |
| 1. 当时发生了什么？ | |
| 2. 你当时的感受和想法是什么？ | |
| 3. 你当时是如何应对的？ | |
| 4. 在这件事中，你对自己最满意的地方是什么？ | |
| 5. 如果事情发生在现在，你的做法会有什么不同吗？ | |

## 表2　自己最不满意的一次应对

| 问题 | 回答 |
| --- | --- |
| 1. 当时发生了什么? | |
| 2. 你当时的感受和想法是什么? | |
| 3. 你当时是如何应对的? | |
| 4. 在这件事中,你对自己最不满意的地方是什么? | |
| 5. 如果事情发生在现在,你的做法会有什么不同吗? | |

## 二、做一做

在一项关于我国儿童青少年心理健康发展的课题研究结果中发现,中小学生负性生活事件发生率排在前三位的依次是"被人误会或错怪""与同学或好友发生矛盾或打架""考试成绩差或学习跟不上",在生活中你遇到过这些问题吗?你当时是怎么做的呢?如果现在遇到,你会怎么做呢?

| 情境 | 描述事例 | 曾经是怎么做的？ | 现在会怎么做？ |
|---|---|---|---|
| 1.被人误会或错怪 | | | |
| 2.与同学或好友发生矛盾或打架 | | | |
| 3.考试成绩差或学习跟不上 | | | |

## 三、阅读

### 做一条没有鳍的鱼

当年，26岁的菲利普·克罗松在搬动屋顶天线时，触到高压线，两万伏电流瞬间将他的双臂和双腿烧成了"焦炭"。一个没有四肢的人，该如何面对未来？躺在医院里，菲利普一直在思考这个问题。有一天，一个电视节目使他明白了自己究竟该怎么做，那是个纪录片，讲述了一个身有残疾的女子只身横渡英吉利海峡的事迹。那场面震撼了菲利普，他想："我也要横渡英吉利海峡。"

没有四肢，却想横渡英吉利海峡，就如同一条没有鳍却想游弋大海的鱼，所有的人都认为不可能，然而，菲利普却决计要做一条无鳍的鱼。

接下来，菲利普聘请了教练来传授他游泳技巧。事实上，在此之前，他是典型的"旱鸭子"，从未下过水。第一次下水，他的身体像石头一样直往下沉，水呛得他差点窒息，幸亏教练在旁保护，把他迅速捞了上来才幸免于难。不过经此之后，他很快想到了一个好办法，让人在自己残存的手臂上安装假肢，在残存的大腿上套上脚蹼，头戴潜水镜和呼吸管，再次下到水里。按照教练的指示，他不停地划动上肢，并且使劲地拍打脚蹼，果然这次没有沉到水底，但整个人只是在原地打转。不管怎样，没有往下沉就是成功！经过一周的练习，他进步神速，可以沿直线游动了，又过了一段时间，他已经可以连续游过两个泳池的距离。接下来，他信心满满，开始了"魔鬼式"的训练，不仅加强泳技练习，还加强力量练习。借助假肢，他坚持跑步和举重，每周训练时间长达35小时。两年后，他的体重大大减轻，泳技突飞猛进，耐力也变得超强，每一次连续游出的距离也不再是两个泳池的距离，而是3公里，他已经完全像一条可以自由游弋的鱼了。

具有挑战性的一天终于来临了。2010年9月18日8时，在英吉利海峡，全副武装的菲利普从英国福克斯通港下水，朝着对岸的法国维桑港奋力游去。他的假肢在碧波间划动，激起朵朵浪花，他的呼吸管像一只高举着的手臂，顶端那一块橘黄色标志，在海浪中特别耀眼。他保持着节奏，合理分配着体力，每游进3公里就休息1分钟，然后继续前进。可是3小时后，他感到有点不妙了，此时的他浑身疼痛，但他对自己说："鱼是不会停的！"以此来激励自己，就在这时，3只海豚在他身边游动，于是，他很快便有了缓解剧痛的办法，他一边奋力划水，一边欣赏着海豚的泳姿。就这样，经过13小时30分钟，他终于游过了34公里宽的海峡，胜利抵达目的地，比预计时间整整快了10小时30分钟。那天，菲利普就是一条真正的鱼，把最真实的感动留给了现场所有的人们。

明知无鳍，却偏要坚持做一条鱼，并且最终把这条鱼做得纯粹而完美，这就是奇迹。也许奇迹的创造并不复杂，而奇迹之所以稀缺，是因为 99.99% 的人都认为，没有鳍就不能成为一条鱼。

菲利普的成长经历无法复制，我们都是平凡的，却又都是独特的，你认为 5 年后、10 年后的自己会对今天的自己说些什么呢？

每个人都处在与外界世界的相互作用中。在家庭，父母养育我们，我们感恩回报；在社会，人们享受着他人的服务，同时又要学好本领服务他人。每个人都尽心扮演好自己的角色，并相互理解和尊重，世界才会和谐美丽。

## 链接外部世界

## 原生家庭和我

无论在儿时的记忆里,还是在现实生活中,家都是幸福的港湾,是感受快乐的源泉,是我们健康成长的摇篮。

同学们,人的一生中有两个家。一个是我们从小长大的家,有爸爸妈妈,也许还有兄弟姐妹。另一个是我们长大以后,自己结婚后组建的那个家,我们把第一个家叫作原生家庭。

美国著名的"家庭治疗大师"萨提亚认为:一个人和他的原生家庭有着千丝万缕的联系,而这种联系有可能影响他的一生。

今天,就让我们一起走进我们的原生家庭,了解原生家庭对个人生涯规划的影响。

### 俞敏洪:父亲成就了我

俞敏洪的父亲是个木工,每次他在帮人建完房子后,都把人家不要的碎砖瓦捡回来。起初，俞敏洪搞不清这一堆东西的用处，直到有一天，一间四四方方的小房子拔地而起，他才明白这些碎砖瓦的用途。父亲把本来养在露天的猪和羊赶进小房子，再把院子打扫干净，于是他家就有了全村人都羡慕的院子和猪舍及羊圈。父亲说："如果你没有造房子的梦想，即便拥有天下所有的砖头也没用；但只有造房子的梦想，而没有砖头，梦想也没法实现。"

俞敏洪说："我生命中的三件事证明了这一思路的好处。一是高考，前两年没考上，第三年继续拼命，终于进了北大；二是背单词，在背过就忘的痛苦中，父亲捡砖头的形象总浮现在我眼前，我终于背下了两三万个单词，达成了成为一名不错的词汇老师的目标；三是做新东方，这期间平均每天要上6~10个小时的课，很多老师放弃了，而我到今天为止还在努力，并已看到新东方这座房子能够建好的希望。"

由此可见，父亲的话对俞敏洪产生了深刻影响。其实，人是否生活得成功幸福，取决于两个因素：一是先天的禀赋，二是后天的努力。家庭是这两个因素的函数，它能改变先天，也能孕育后天。许多心理学研究也证明：早期的生活经历，特别是家庭生活对性格养成起着至关重要的作用，对生活更是能产生长期和深远的影响，甚至会决定个人的一生幸福。父母是我们的第一任老师，是我们最亲密的"伙伴"，也是我们模仿和学习的对象。父母的言传身教，会潜移默化地影响我们人生道路的方向。

## "家"字释义

"家"字早期的写法像一个棚子下有一只豕。远古时,我们的祖先以打猎为生,生活不安定。后来,人们把捕获的猎物(包括豕)养在屋里。养的豕越多,就表明越富有,生活越安定。于是,屋顶下面有豕就一步一步变成"家"字。

西汉时期,许慎的《说文解字》中就说道"宀为屋也","豕为猪也",两个字组合在一起,便成了"家"。

现如今,家的本义是指屋内、住所。

## 家庭影响

家庭是社会的细胞,是以婚姻和血缘关系为基础的社会单位,成员一般包括父母、子女和其他共同生活的亲属。"细胞"虽然很小,但其结构是很复杂的,家庭成员、家庭成员之间的关系、家庭的居住环境、家庭的经济情况、家庭在社会中的地位、家庭亲友之间的关系等,构成了复杂而生动的家庭环境。

对于儿童的发展,家庭是第一课堂,父母是第一任老师。父母的行为和教育方式,强烈地影响着儿童的身心发展。因此父母给予的关爱,包括父母在细节上所传递的价值观对我们的成长是非常重要的。家人从事的职业、过往经验、同伴群体、家庭氛围等因素也都在不知不觉中影响着我们对人生道路的选择。而且,父母也会将对社会地位、经济地位、发展前途的理解与认识潜移默化地渗透给我们,形成我们的价值观和职业观。

父母双方在教育我们的过程中,分工是不同的,传统观点认为,母亲在教育孩子中占据主导地位，这有利于孩子养成细心、体贴的性格。而随着父亲参与教育孩子时间的增多，父亲身上坚强独立的一面也会影响到孩子，有利于培养孩子的责任心和提高其行动力。一味细腻或粗犷的教育方式都不利于孩子的成长，只有父母双方共同参与、相互补充，才能使孩子的性格逐步完善。

## 廖承志和母亲

在中国近现代史上，廖承志的母亲何香凝女士是一位受人敬仰的杰出女性。毛泽东曾高度赞誉她"为中华民族树立模范"。她曾是孙中山的战友，又始终是中国共产党人的朋友，在协助丈夫廖仲恺斗争多年后，还鼓励廖承志、廖梦醒都投身到共产党领导的革命队伍中去。她自己奋斗的一生也成为妇女解放运动中的光辉典范。

何香凝，1878年6月出身于香港富商之家。1902年，24岁的她为寻找救国真理，继丈夫之后到日本留学。何香凝早年曾学习传统中国画，1908年入东京本乡女子美术学校学习彩画、临画、写生等课程，同时向日本帝室画师田中赖章学习画狮、虎等动物画。1910年何香凝从日本归国后辗转于港、穗、沪及日本之间，为革命奔波，曾任国民党中央执行委员、妇女部长、中央委员等职。

去日本的那一年，何香凝生下儿子廖承志。廖承志生下来的时候又肥又壮，虎头虎脑，于是父母亲给他起了一个小名：肥仔。肥仔出生后不久，父母就开始了漂泊无定的流亡生涯，日本竟成肥仔的第二故乡。

多年来，何香凝以卖画换得"买米钱"。她署名"双清楼主"的作品名扬海内外。她在日本美术学校时就得到名师辅导，后来又长年潜心于水墨丹青，还常与国内大师切磋。何香凝的绘画作品讲究立意，她常借松、梅、竹、狮、虎及山川等的描绘，抒情明志。直至80多岁，她在家中仍不时作画，且功力不减。在她那些充满斗争之意的作品中，不仅记录了20世纪初叶以来社会政治的变幻风云，同时也是她70年革命生涯和高尚品格的生动写照。

廖承志从小受母亲熏陶，也喜爱绘画。何香凝作画时，他专心守候在母亲身旁，一边研墨，一边琢磨。有时实在忍不住，就提笔画起小人像来。虽然笔法稚嫩，但人物却栩栩如生。当何香凝发现儿子的特长后，十分惊喜，决心把儿子的绘画天赋好好发挥出来。于是，每当她完成一幅画作后，就要求儿子补画一个"小娃儿"。在母亲的精心指导下，廖承志的绘画技艺进步很快，素描、国画、漫画无不得心应手。

更重要的是，何香凝不但教给孩子如何画画，还培养其高尚的画品和人品。何香凝一生为革命所做的一切，以及表现出来的卓尔不群的品格，给廖承志带来了巨大的影响。在母亲崇高情操的浸染下，廖承志在长期的革命斗争中，一方面与敌人周旋，一方面用画笔表达自己的情感。从廖承志的身上，人们看到了一个革命者顽强的意志和不同凡响的品格。这一切和何香凝在面对逆境时所表现出来的正气与人格品质有着惊人的相似。廖承志不但秉承了母亲的画品和人品，就连母子俩对于蒋介石的态度，都有着一脉相承的坚决。

有一次，廖承志被特务抓捕后，解送到重庆，蒋介石曾以"世伯"身份见他，并劝说："如果放了你，想留你在我身边，怎么样？"没料到廖承志却当面痛斥其背叛了孙中山先生的事业。他刚正不阿、正义凛然的精神深受党内同志敬佩。他的一生，和母亲何香凝一样，为革命事业和民族振兴，真正做到了鞠躬尽瘁、死而后已。

从以上不难看出家庭对廖承志一生的影响。当然，我们更多的人都是生活在普通家庭，我们的家长在自己平凡的工作岗位上，默默地为社会的发展贡献着自己的力量。他们的故事也许并不轰轰烈烈，但却让人感动，浑身充满力量。作为儿女，正是在和父母一起亲历的一个又一个温暖而甜蜜的家庭故事中，学习如何珍爱生命、与人为善，学习如何对自己和他人负责，学习如何讲诚信、守道德，学习……这所有的一切，都是我们生涯中最为珍贵和重要的。

## 练习与拓展

### 一、想一想

1. 在父母的教育和家庭环境的影响之下，我们一天天长大，在成长的过程中，我们逐渐形成了自己的价值观，心中的理想也越来越清晰，也许是成为一名职业军人，也许是做一名白衣天使，也许……如果你的人生理想和家庭期望出现差异时，你会怎样去处理呢？

2. 以自己的亲身经历说明父亲对孩子的影响与母亲有什么不同。

### 二、做一做

**1. 成长足迹：我的家族树**

家族是由若干个有婚姻和血缘关系的家庭组成的亲属集团。一个家族在世代传承过程中会形成比较稳定的生活方式、生活作风、道德规范和为人处世之道等，这些对我们的成长有着重要的影响。

请在下面的家族树上填写你的家族成员和他们各自的职业，对你影响越深刻的人，填写位置越靠近树干。相同领域的职业用同一种颜色。

仔细观察你填写完成后的家族树，思考以下问题：

（1）你所在家族中，家族成员从事最多的职业是什么？都集中在什么领域？

（2）家族中谁的生活方式是你最向往的？为什么？

（3）家族中谁对你的影响最大？为什么？

（4）你会倾向于选择家族成员中从事最多的职业吗？为什么？

**2. 寻根之旅：绘制家谱**

家谱，又叫作族谱或宗谱，记录着一个家族世代繁衍和重要人物及事件。它是一种特殊的文献资料，是中华五千年文化中浓墨重彩的一笔，无论从历史角度、人文角度看，还是从经济角度、人口和社会学角度看，它都是不可替代的。

请同学们通过调研，与家族内的长辈们沟通，参照下图绘制一份自己的家谱。在搜集资料和动手绘制的过程中，你想到了什么？有什么感受？收获又是什么？请说一说。

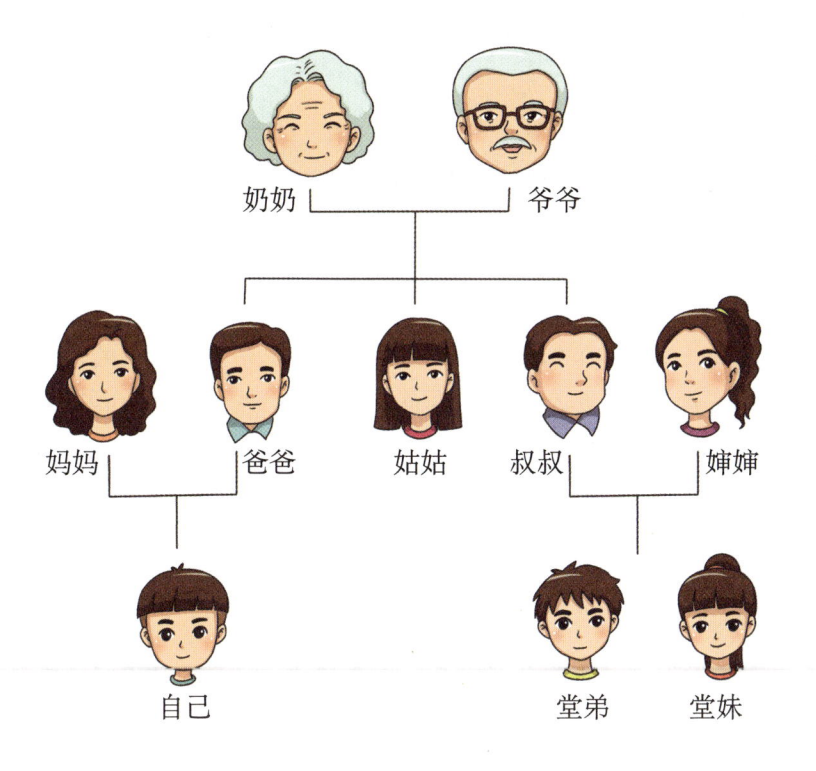

## 职业万花筒

我们身处社会这个大环境之中,每天都要面对不同职业的人。早上出门,我们会遇见环卫工人在清扫地面,坐公交车会看到乘务人员为乘客服务,来到学校有老师在课堂上指导我们学习,去餐厅吃饭会有厨师为我们做菜、服务员为我们上菜,去商场会有热情的导购、售货员为我们挑选适合的商品……我们每天都和从事不同职业的人产生千丝万缕的联系。

随着社会的发展,时代的进步,当今社会除了我们经常接触的传统职业,还出现了很多新兴职业,例如婚礼策划师、网络营销师、职业玩家、旅馆试住员以及号称世界上最舒服的职业——看岛人等。

### 香巴拉信使——王顺友

一个最普通不过的人,四川凉山彝族自治州木里县邮局的马班邮递员,却有着不一般的荣誉，被中共中央组织部授予"优秀共产党员"的称号，还被评为全国劳动模范和全国道德模范。他就是王顺友。

他的"职场"在山间，他在高山峡谷间送邮行程达26万多公里，相当于走了21趟两万五千里长征。25年来，他没有延误过一个班期，没有丢失过一封邮件，投递准确率达100%。为了保护邮包，他曾纵身跳入齐腰深的江水，也曾与歹徒奋勇搏斗。为了这个简单而又崇高的使命，王顺友在大山深谷之中，一个人、一匹马、一壶酒，穷尽了青春年华。

今天，"英雄"还在做马班邮递员吗？

已经当了爷爷的他，仍在基层默默地工作着。由于常年在山间送邮，王顺友被严重的风湿等病缠身，已经不能支撑他走完一走就是半月的老邮路了。组织调他去县邮局工作，他不肯，仍坚持行走在山间，只不过将送邮的路程缩短了。从木里县城到李子坪，单程4个多小时，一个星期两趟，一天即可来回。说起邮路，他轻松了许多："我的家乡木里，现在有了新的发展与变化，过去送邮件到村上，而现在邮件只用送到乡镇上，有了电话、手机，村里的人自己来取就成了，方便了许多。"王顺友还说，"我现在工作比原来轻松了些，但我知道，与我类似的乡邮员，全国成千上万，比我辛苦的也有很多。"

四川全省原来有65条马班邮路，随着交通发展，现在减至25条，其中15条在木里县，当年王顺友走的那条马班邮路，又有了新人接替。

同学们，邮递员是社会上众多职业中的一个，就在我们身边。虽然随着社会的进步和信息技术的快速发展，E-mail、微信等众多渠道取代了传统信件，但我们每天看的报纸、杂志等，很多时候都是邮递员们亲自送到家里或学校。特别是在幅员辽阔的中国，在一些欠发达地区，邮递员依然发挥着不可替代的作用。

今天，就让我们一起打开职业万花筒，学习和职业有关的知识吧。

职业是参与社会分工，利用专门的知识和技能，为社会创造物质财富和精神财富，获取合理报酬，作为物质生活来源，并满足精神需求的工作。简单来说，职业就是个人在社会中所从事的作为主要生活来源的工作。

## 什么是职业

每个人的生存和发展都离不开职业，人的一生大部分时间都在工作。我们来看看人一生的时间表。

| 年龄 | 时间 | 主要活动 |
| --- | --- | --- |
| 0~5岁 | 5年 | 认识世界，以玩为主 |
| 6~22岁 | 16年 | 上学学习知识 |
| 23~55岁（女） | 32年（女） | 工作 |
| 23~60岁（男） | 37年（男） | |
| 退休以后 | 25年左右（女）<br>20年左右（男） | 享受晚年 |

通过此表我们不难看出，工作在我们生命中占据了很长的时间。由此可见职业在人生中是多么重要！

## 职业的划分

对于职业的划分，不同国家有着不同的划分方法。

在我国，职业有两种划分方式。

第一种：将全国范围内的职业划分为8大类、64中类、301小类。其中8个大类的排列顺序是：（1）各类专业、技术人员；（2）国家机关、党群组织、企事业单位的负责人；（3）办事人员和有关人员；（4）商业工作人员；（5）服务性工作人员；（6）农、林、牧、渔劳动者；（7）生产工作、运输工作和部分体力劳动者；（8）不便分类的其他劳动者。其中，（1）（2）主要是脑力劳动者，（3）包括部分脑力劳动者和部分体力劳动者，（4）（5）（6）（7）主要是体力劳动者，（8）是不便分类的其他劳动者。

第二种：将国民经济行业划分为门类、大类、中类、小类四级。其中门类共13个：（1）农、林、牧、渔、水利业；（2）工业；（3）地质普查和勘探业；（4）建筑业；（5）交通运输业、邮电通信业；（6）商业、公共饮食业、物资供应和仓储业；（7）房地产管理、公用事业、居民服务和咨询服务业；（8）卫生、体育和社会福利事业；（9）教育、文化艺术和广播电视业；（10）科学研究和综合技术服务业；（11）金融、保险业；（12）国家机关、党政机关和社会团体；（13）其他行业。

以上这两种分类方法符合我国国情，简明扼要，具有实用性，也符合我国的职业现状。

西方的职业分类，具体如下：

第一种：按脑力劳动和体力劳动的性质、层次进行分类。这种分类方法把工作人员划分为白领工作人员和蓝领工作人员两大类。白领工作人员包括：专业性和技术性的工作，农场以外的经理和行政管理人员、销售人员、办公室人员。蓝领工作人员包括：手工艺及类似的工人、非运输性的技工、运输装置机工人、农场以外的工人、服务性行业工人。这种分类方法明显地表现出职业的等级性。

第二种：按心理的个别差异进行分类。这种分类方法是根据美国著名的职业指导专家霍兰创立的"人格—职业"类型匹配理论，把人格类型划分为六种，即现实型、研究型、艺术型、社会型、企业型和常规型。与其相对应的是六种职业类型。

第三种：依据各个职业的主要职责或"从事的工作"进行分类。国际标准职业分类把职业由粗至细分为四个层次，即8个大类、83个小类、284个细类、1506个职业项目，总共列出职业1881个。其中8个大类是：（1）专家、技术人员及有关工作者；（2）政府官员和企业经理；（3）事务工作者和有关工作者；（4）销售工作者；（5）服务工作者；（6）农业、牧业、林业工作者及渔民、猎人；（7）生产和有关工作者、运输设备操作者和劳动者；（8）不能按职业分类的劳动者。这种分类方法便于提高国际间职业统计资料的可比性和国际交流。

除此之外，加拿大《职业岗位分类词典》的分类又有所不同，感兴趣的同学可以通过查阅书籍、网络进行进一步了解。

无论国内还是国外，无论用何种方式去划分，这些职业人都在用他们的智慧和劳动来推动社会的进步，服务我们的学习、工作和生活。

## 职业的变迁

职业随着时代的发展而变迁。一些职业随着社会的进步退出了历史的舞台，比如缝穷，就是专门给人补衣服的。过去生活条件比较艰苦，衣服经常是新三年，旧三年，缝缝补补又三年，但现在生活水平提高了，人们不再缝补衣服，这个职业也就随之消失了。一些职业则随着社会的发展新兴出来，比如职业砍价师，你买东西，我替你砍价、为你省钱，多则替客人省几千，少则几百。除了这些，新兴的职业还有很多，如：（1）产品定制师：随着人们越来越追求产品的品位和个性化，一些手艺精良、品位独到的私人裁缝成了市场的新宠。聘请私人裁缝定制鞋服的多数是30~40岁的高级白领、企业高层和演艺人员，这些人往往要根据需要定制礼服，有时也定制"独树一帜"的生活套装和休闲服装。产品定制往往收费较高，所以产品定制师的收入相当可观。（2）电影试片员：被录用者可以提前观看电影，填写测试报告，并且获得相应报酬。（3）网络写手：网络小说兴起，由此出现了大量的网络写手，其版税收入较高。（4）首席微博运营官：2010年中国互联网正式从博客时代进入了微博时代，一时间，微博成为新的信息资源平台。而一个新的职业也就此诞生，它就是首席微博运营官。首席微博运营官的作用相当于运营总监，负责微博的宣传、推广，在线产品问题解答等方案的策划和战略规划，以及组织的建设和运营。（5）精算师：精算师的拉丁语意思是"经营"，是一种处理金融风险的商业性职业。精算师采用数学、经济、财政知识和统计工具，主要处理一些与保险、再保险公司相关的不确定的未知事件。

## 正确看待身边的职业

职业没有高低贵贱之分，平凡中也蕴藏着伟大！

在中国的首都北京，有这样一个平凡而又伟大的公交车售票员李素丽。作为北京的一名公交车售票员，自20世纪80年代初参加工作以来，她就把"全心全意为人民服务"作为自己的座右铭。为此，她利用自己的业余时间认真学习英语和手语，熟悉北京的地理、交通环境，有针对性地为不同的乘客提供热情、周到的服务。正因为此，李素丽荣获了"全国'三八'

红旗手"等多项荣誉称号，全市、全国都曾掀起过"向李素丽同志学习"的热潮。

职业没有优劣之分，任何职业的存在，都是其价值的体现，不被需要的职业自然会被社会所淘汰。在自己所从事的职业中感受快乐、获得成功，对于每一个人来讲都是非常重要的，这不仅是一种心境，更是一种能力。

《中国大能手》是人力资源和社会保障部与中央电视台财经频道合力推出的一档行业技能达人竞技节目，宣扬"劳动光荣、劳动伟大"的正能量。

2015年第一季《中国大能手》，分别为我们展现了美发大能手、机械大能手、美食大能手、金匠大能手、汽修大能手、焊工大能手和服装大能手等。这些岗位也许是平凡的，但这些大能手却用自己的双手创造了奇迹，书写了属于自己的精彩故事。

2016年第二季《中国大能手》共10期，包括《神秘焊匠》《神奇蛋糕师》《汽修先锋》《珠宝名匠》《数控刀客》《超级砌筑工》《餐厅服务王》《最强挖掘机》《机器人传奇》《点钞强人》。第二季节目所涉及的内容，有离我们最近的服务行业，有中国传统工艺，还有目前工业制造的核心产业，而且第二季的参赛选手绝大多数都是一线员工和学校的老师、学生，充分展现了我国劳动者的精神面貌。

国外也有很多人热爱自己的工作。例如，大多数美国人都能怀着一种自豪和喜悦的心情说出自己的职业，无论他们做着什么工作，他们都相信只要自己肯付出努力，就能够在平凡的岗位上做出不平凡的业绩，这是对自己工作的一种热爱。米兰是一个美国女孩，在一家宠物店工作，每天与小动物打交道。热爱这项工作的她，每天在做好日常工作的同时还仔细观察小狗的日常行为，积累训犬经验。渐渐地，她就能比较快速地分析出到宠物店求医的小狗的各种问题，并且及时给予处理。很多凶猛和性格怪异的小狗面对米兰，都会变得乖巧、温顺，后来米兰还因此成为家喻户晓的明星。

同学们，无论从事什么职业，只要你能够用心地做，持之以恒，相信一定能从中找到自我实现的快乐！

## 练习与拓展

### 一、想一想

1. 观察下列图片，猜猜图片中人物的职业，请说出你的理由和你对这个职业的了解。

2. 请你展开想象，说一说未来世界还可能会有哪些新兴的职业，或者说说你想要开创什么新职业，你开创新职业的原因，以及对社会和人们有什么帮助。

3. 请列举出你最感兴趣的三个职业，并说一说你最看重这些职业的哪些方面（比如工作本身富有创造性，工作内容可以促进人们发展，可以推动社会的经济、文化进步）。

|  | 职业名称 | 我看重的方面 |
| --- | --- | --- |
| 职业 1 |  |  |
| 职业 2 |  |  |
| 职业 3 |  |  |

## 二、做一做

1. 不同的职业，虽然工作对象、工作内容有着本质的区别，但所有的职业都是社会所需要的，对我们的学习、生活和工作均帮助很大。请你试着填写下表，看看身边有哪些职业的人在为我们提供服务。

| 序号 | 案例 | 职业名称 | 提供的具体服务 |
| --- | --- | --- | --- |
| 1 | 周末，妈妈带我乘公交车到少年之家学习乐器。我需要从事什么职业的人来为我服务？ |  |  |
| 2 | 马路上出现了交通事故，车辆受损，人员受伤，该找从事什么职业的人来救助呢？ |  |  |
| 3 | 今年元旦，学校将举行大型庆祝活动，需要从事什么职业的人来提供支持呢？ |  |  |

（续表）

| 序号 | 案例 | 职业名称 | 提供的具体服务 |
|---|---|---|---|
| 4 | 十一黄金周，我们全家计划去青岛旅游，我们需要从事什么职业的人为我们提供服务呢？ | | |
| 5 | 今天奶奶过生日，我们全家人一起到饭店用餐。都有从事什么职业的人来为我们提供服务呢？ | | |

2. 根据故事后面的提示，分享一下你对未来职业的规划。

一天，一个年轻人走进某国际函授学校丹佛分校的总经理办公室，他想要得到一个销售员的工作。总经理约翰盯着这个有些瘦弱的年轻人，问了一些问题后，突然话锋一转，问："你用什么办法把打字机推销给农场主？"年轻人不假思索地回答："对不起，先生，我没有办法把打字机推

销给农场主，因为他根本就不需要！"然而，就是这样的一个回答，让总经理约翰高兴得几乎跳了起来，他说："小伙子，祝贺你，你通过了。去工作吧，你会工作得很好的，因为你知道谁需要什么谁不需要什么。"

这个年轻人就是后来著名的交际大师、演说家戴尔·卡耐基，他的演说影响了几代人，而他年轻时候的这段求职经历，同样给人以有益的启迪。

（1）你想从事的职业是什么？

_____

（2）据你了解，这项职业对职业素质的要求如何？

所需教育程度：

_____

所需心理品质：

_____

所需道德品质：

_____

所需技术要求：

_____

其他：

_____

（3）为了达到以上要求，你需要做哪些准备？

教育程度方面：

_____

心理品质方面：

_____

道德品质方面：

_____

技术要求方面：
___

其他：
___

## 三、阅读

### 穿过岩洞的美洲鹰

美洲鹰生活在加利福尼亚半岛上。由于美洲鹰价值不菲，在当地人的大肆捕杀及工业文明对生态环境的破坏下，美洲鹰终于绝迹了。可是，近年来，一名美国科学家、美洲鹰的研究者阿·史蒂文竟在南美洲安第斯山脉的一个岩洞中发现了美洲鹰。这一惊奇的发现让全世界的生物科学家对美洲鹰的未来又抱有了新的希望。

一只成年美洲鹰的两翼自然伸展开后长达3米，体重达10公斤，加利福尼亚半岛上充足的食物，使美洲鹰充满力量，它锋利的爪子可以抓住一只小海豹飞上高空。可令人奇怪的是，就是这样一种庞然大物，竟然生活在狭小而拥挤的岩洞里。阿·史蒂文在对岩洞考察时发现，那里布满了奇形怪状的岩石，岩石与岩石之间的空隙仅15厘米，有的甚至更窄。那些岩石像刀片一样锋利，别说是这么个庞然大物，就是一般的鸟类也难以穿越。阿·史蒂文用许多树枝将鹰围在中间，然后用铁蒺藜做成一个直径15厘米的小洞让美洲鹰飞过去。美洲鹰的速度迅速无比，阿·史蒂文只能从录像的慢镜头上细看，结果发现它在钻出小洞时，双翅紧紧地贴在肚皮上，双腿却直直地伸到了尾部，与同样伸直的头颈对称起来，就像一截细小而柔软的面条，它是用以柔克刚的方式轻松地穿越了蒺藜洞。显然，在长期的岩洞生活中，它们练就了能够缩小自己身体的本领。

在研究中，阿·史蒂文还进一步发现，每只美洲鹰的身上都结满了大小不一的痂，那些痂也跟岩石一般坚硬。可见，美洲鹰在学习穿越岩洞时也受过很多伤，在一次又一次的疼痛中，它们终于练就出了这套特殊的本领。为了生存，美洲鹰只能将自己的身体缩小，来适应狭窄而恶劣的环境，不然便很难得到新生！

千万年来，动物与人类都在为生存而战。如果不想被淘汰，就得像美洲鹰一样，以改变自己的方式，来适应不断变化的生存环境。尽管练就本领的过程中会遇到千难万险，甚至流血流泪，但只有勇于改变自己，才能扩大生存空间。人不可能一直都生活在自己的意愿之中，只能不断地去适应新的生活环境。特别是随着社会的进步，纷繁的职业也对人们提出了更新、更高、更为复杂的要求，作为个体，只有不断充实自己、完善自己，才能适应这个职业大发展的时代，才能在职业竞技场上所向披靡！

同学们，这个故事对你有什么启示？请和身边的同学们分享一下吧。

管理时间就是管理自己的生命。一个人要取得好成绩，就必须要学会管理自己的时间，养成珍惜时间的好习惯。

行动成就人生

## 学会时间管理

时间，从我们的指缝中悄然溜走，从我们的话语中轻轻掠过。时间是这个世界上最特殊的一种资源，租不到，借不到，也买不到。既然时间如此重要，亲爱的同学们，你们想过如何有效利用时间这个问题吗？该如何有效利用时间，发挥时间的最大价值呢？

小勇是个五年级的小学生，他和其他同学一样，每天按时上学、放学，参加学校组织的各项活动。小勇在课堂上学习很认真，但是成绩却不理想，小勇的老师感到非常奇怪，小勇和其他同学在学习上花的时间差不多，为什么成绩却没有其他同学好呢？下面让我们看一看他是怎样安排自己的时间的，来帮助他找到原因吧。

早上6点30分，闹钟响了，小勇在床上翻了个身，继续蒙头大睡，虽然闹钟一直在叫，但是他却没有起床的意思，直到妈妈过来，把他从被窝中拽了出来，他才起来。

中午12点，小勇一般都是在学校吃午饭，学校安排学生午饭后统一在教室中休息，以便下午有充沛的精力上课学习，但小勇却经常中午不休息，总是在操场上和同学打打闹闹，满头大汗。

晚上，小勇一回到家中就打开电视，看完《大风车》，再看电视剧，直到晚上9点了，他还守在电视机前不走，妈妈多次催他后才磨磨蹭蹭地开始写作业，边写边说："作业真多，怎么写得完？"等到把作业写完都到晚上10点了，根本没有时间预习新课。妈妈在旁边无奈地说："快点吧，要不然明天早上又起不来了，早就跟你说，让你回家后就写作业，你就是不听。"

看了上面小勇的故事，你知道小勇学习成绩不好的原因了吗？那么我们该怎么帮助小勇改掉这些坏毛病呢？假如你也有类似的情况，你打算如何改进呢？

## 做时间的主人

在这个世界上，什么东西是最长的同时又是最短的呢？什么东西是最快的同时又是最慢的呢？又有什么东西是最不受重视的同时又是最被惋惜的呢？没有它，什么事情都做不成，它使一切渺小的东西归于平淡，使一切伟大的东西传承延续。

同学们，你们猜到了吗？这就是时间。

时间是世界上最公平、公正的，不管是谁，无论男女老少、贫穷富贵，所有人每天只有 24 小时，一分钟不多，一分钟不少。

时间不可重来，不可储蓄，不可延伸，不可替代，但却可以管理。上面故事中的小勇之所以考试成绩不理想，主要的原因在于他没有有效地使用时间，或者说没有对时间进行合理的管理。

## 时间管理理论

对时间的不同管理方式，造就了不同的人生。人与人之间的差异，很大程度上就是由于对时间的处理方式不同所造成的。

下面介绍两个很有名的时间管理理论，相信会对同学们合理有效地安排时间有所帮助。

### 1. 帕累托原则

帕累托原则是由 19 世纪意大利经济学家帕累托先生提出的。该原则的核心内容是说，生活中 80% 的结果几乎都源于 20% 的活动。比如是那 20% 的客户给你带来了 80% 的业绩，创造了 80% 的利润；世界上 80% 的财富是被20%的人掌握着的；世界上80%的人只分享了20%的财富。因此，要把注意力放在20%的关键事情上。

根据这一原则，我们应当对要做的事情分清轻重缓急，进行如下的排序：

A. 重要且紧急（比如救火、抢险等），必须立刻做。

B. 紧急但不重要（比如有同学突然打电话约你出去玩等），只有在优先考虑了重要的事情后，才会考虑这类事。人们常犯的毛病是把"紧急"当成优先原则。其实，许多看似很紧急的事，拖一拖，甚至不办，也无关大局。

C. 重要但不紧急（比如阅读课外书、做安全小报、与同学一起参观博物馆等），只要自己力所能及，应该当成紧急的事去做，而不是拖延。

D. 既不紧急也不重要（比如娱乐、消遣等），有闲工夫再说。

## 2. 时间管理"四象限"法

时间管理"四象限"法是美国的管理学家科维提出的一个时间管理理论，他把工作按照重要和紧急两个不同程度进行了划分，基本上可以分为四个象限：既紧急又重要（如出了安全事故、明天就要进行期末考试等）、重要但不紧急（如建立人际关系、培养各种兴趣爱好、制定防范措施等）、紧急但不重要（如电话铃声、不速之客等）、既不紧急也不重要（如上网、闲谈、看邮件、写博客等）。

按处理顺序划分：先是既紧急又重要的，接着是重要但不紧急的，再到紧急但不重要的，最后才是既不紧急也不重要的。"四象限"法的关键在于第二和第三类事情的顺序问题，必须非常小心加以区分。另外，也要注意划分好第一和第三类事情，二者都是紧急的，区别就在于前者能带来价值，实现某个重要目标，而后者不能。

以下是四个象限的具体说明：

第一象限是既重要又紧急的事。例如参加社会实践活动出了安全事故、准备期末考试、得了急性阑尾炎必须立刻做手术等。这是考验我们的经验、判断力的时候，也是需要用心耕耘的园地。如果不及时做，就会酿成大事故，或者造成不应出现的损失等。

第二象限是重要但不紧急的事。主要是与生活品质有关，包括我们的学习规划、参加各种兴趣学习班、读书、与家人一起旅游等。荒废这个领域将使第一象限日益扩大，使我们陷入更大的压力中，在危机中疲于应付。反之，多投入一些时间在这个领域将有利于提高我们的学习、生存实践能力，缩小第一象限的范围。做好事先的规划、准备与预防措施，很多急事将无从产生。这个领域的事情不会催促我们，所以必须主动去做，这是发挥个人领导力的领域，建议同学们把80%的精力投入到该象限的学习、实践中，以使第一象限的"急"事无限变少，不再瞎"忙"。

第三象限是紧急但不重要的事。同学来电话约你出去玩、有客人到你家做客等都属于这一类。表面看类似第一象限，因为迫切的呼声会让我们产生"这件事很重要"的错觉——实际上就算重要也是对别人而言。我们花很多时间在这里面打转，自以为是在第一象限，其实不过是在满足别人的期望与标准。

第四象限属于既不紧急也不重要的事。阅读令人上瘾的无聊小说、观看毫无实质内容的电视节目、与他人闲聊等，做这些事情，简而言之就是浪费生命，所以根本不值得花时间在这个象限。但我们往往在第一、第三象限来回奔走，忙得焦头烂额，不得不到第四象限去疗养一番后再出发。所谓疗养倒不见得都是休闲活动，因为真正有创造意义的休闲活动是很有价值的。然而像阅读令人上瘾的无聊小说、观看毫无实质内容的电视节目、与他人闲聊等这样的休息不但不是为了走更长的路，反而是对身心的毁损，刚开始时也许有滋有味，到后来你就会发现其实是很空虚的。

按照该理论的要求，判断"重要"的标准就是目标。凡是有利于实现目标的事务均属重要，越有利于实现核心目标就越重要。该理论将事情按照紧迫和重要程度的不同，分为 A、B、C、D 四类。 如下图所示：

|  | 紧急 ⟶ | 不紧急 |
|---|---|---|
| 重要 ↓ | A 重要 紧急 | B 重要 不紧急 |
| 不重要 | C 紧急 不重要 | D 不紧急 不重要 |

按照该法则，我们做事情的时候，先做 A，后做 B，少做 C，不做 D。这样一来，方向重于细节，策略胜于技巧。始终抓住"重要"的事，才是最有效的时间管理、最好的节约时间的方法。

同学们发现没有，上面介绍的两个时间理论，虽然名称不同，但内涵实质是一样的。我们日常生活中，说得最多、用得最广的当是时间管理"四象限"法。

对我们学生来说，什么是我们既重要又紧急、什么是重要但不紧急、什么是紧急但不重要、什么是既不紧急也不重要的事情呢？

在一次时间管理的课上，教授在桌子上放了一个装水的罐子，然后又从桌子下面拿出一些正好可以从罐口放进罐子里的鹅卵石。当教授把石块都放进罐子后问他的学生道："你们说这罐子是不是满的？"

"是！"所有的学生异口同声地回答说。"真的吗？"教授笑着问。然后从桌底下拿出一袋碎石子，把碎石子也从罐口倒了下去，摇一摇，再加一些，再问学生："你们说，这罐子现在是不是满的？"这回他的学生不敢回答得太快。最后班上有位学生怯生生地细声回答道："也许没满。"

"很好！"教授说完后，又从桌下拿出一袋沙子，然后慢慢地倒进了罐子里。倒完后，再问班上的学生："现在你们再告诉我，这个罐子是满的呢，还是没满？"

"没有满。"全班同学这下学乖了，大家很有信心地回答说。"好极了！"教授再一次称赞了这些"孺子可教"的学生们。称赞完他们后，教授从桌底下拿出了一大瓶水，然后把水倒在了看起来已经被鹅卵石、碎石子、沙子填满了的罐子。当这些事都做完之后，教授正色地问班上的同学："我们从上面这件事情得到了哪些重要的启示？"

班上一阵沉默，然后一位自以为聪明的学生回答说："无论我们的工作多忙，行程排得多满，如果把时间挤一挤的话，还是可以多做许多事的。"这位学生回答完后心中很得意地想："这节课说到底主题讲的还是时间管理啊！"

教授听到这样的回答后，点了点头，微笑道："回答得不错，但并不是我要告诉你们的重要信息。"说到这里，这位教授故意顿住，然后用眼睛向全班同学扫了一遍说："我想告诉各位最重要的信息是，如果你不先将大的鹅卵石放进罐子里去，你也许以后永远没机会再把它们放进去。"

通过阅读这个小故事，我们是不是受到了启发？对于生活、学习中零零散散的事件，可以按重要性和紧急性的不同组合来确定处理的先后顺序，做到可以将鹅卵石、碎石子、沙子、水都放到罐子里去。

对于人生旅途中出现的事件也应如此处理，也就是平常所说的处在哪一年龄段就要完成哪一年龄段应完成的事，否则，时过境迁，到了下一年龄段就很难有机会补救。

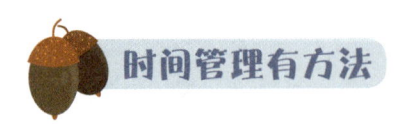

## 时间管理有方法

"一寸光阴一寸金，寸金难买寸光阴。"中国人是世界上最早认识到时间管理的重要性的。"人生有涯"更是将时间管理与人的生命相提并论。

孔子曾经站在河边对着湍急的江水喟然长叹："逝者如斯夫，不舍昼夜！"当他见到他的一位弟子因不善时间管理，把白天宝贵的时间用来睡觉的时候，毅然地给了那位弟子全方位的否定。可见，一个人是否会管理时间在别人眼里是多么重要的一件事情。西方的管理大师也对时间管理高度重视，彼德·杜拉克就曾说："时间是最高贵而有限的资源。"

时间如此重要，我们该如何学会时间管理，从而提高我们的学习、生活效率呢？亲爱的同学们，让我们一起来探索一下吧。请看以下两个小案例：

### 案例1

小强和小刚是同班同学，放学后，小强做作业要用两个多小时，而同样的作业小刚只用了40分钟就能做完。为此，小强很是烦恼，为什么自己写作业总是比小刚慢那么多？请同学们看下面两幅图，帮小强分析一下写作业慢的原因吧。

小强

小刚

**案例 2**

小明每天早上上学几乎都要迟到,因为他起床后要做很多事情。请看小明每天早上的安排:

刷牙洗脸 5 分钟;

烧开水 15 分钟;

整理书包 5 分钟;

听英语磁带 10 分钟;

吃饭 15 分钟;

总共要花 50 分钟。

小明这样安排时间合理吗?

通过对上面两个案例的分析和思考,我们可以找到两个合理安排时间的重要方法:

一是专时专用。像小强那样边写作业边看电视,势必会分散注意力,降低学习效率。而专时专用可以提高我们的学习、生活效率。

二是统筹安排。可以把相互不影响的几件事情放到同一时间去做,如边整理书包边听音乐、边吃饭边烧水等。同时进行几件事,可以节约很多时间,提高我们的学习、生活效率。

## 练习与拓展

### 一、想一想

1. 今天之前你是如何安排自己的时间的?

（1）早晨，你的起床时间是几点?

（2）早晨，你有没有读书的习惯?

（3）课间，你有没有继续学习或做作业的经历?

（4）中午，你有没有午休的习惯?

（5）通常，你写家庭作业的时间安排在几点?

（6）晚上，你何时开始学习?

（7）你有没有预习功课的习惯? 时间安排在几点呢?

（8）你会将学习较难课程的时间安排在何时?

（9）临睡觉前，你会做什么呢?

（10）你上床睡觉的时间是晚上几点？

2. 学习时间管理理论后，你觉得自己原来的时间安排有需要改进的地方吗？如果有，试着重新安排自己的时间吧。

| 时间 | 内容安排 |
| --- | --- |
|  |  |
|  |  |
|  |  |
|  |  |
|  |  |

平时，我们要注意养成高效率学习的良好习惯，每天早上先翻查记录册的安排表，了解自己今天要完成的事情；在学习时，把桌子收拾好，只放与学习内容有关的材料；集中精力去做既定的事情，有条不紊地去完成学习任务。我们还可以请父母进行监督，做得好，表扬自己"我真行"；做不好，鼓励自己"我一定要坚持下去"。

## 二、做一做

### 1. 试一试：撕思人生

我们现在来做个游戏，名称是撕思人生。请每个同学剪裁出一个长方形的纸条，这张纸条代表人一生的时间，假设每个人的寿命为 80 岁，请同学们先后把代表以下一定长度时间的纸条亲手撕掉。

0 岁到目前年龄段已经过去的时间、25~60 岁工作的时间、60 岁以后退休的时间、每年寒暑假的时间、每学年几十个双休日的时间、睡觉时间、吃饭时间、看电视时间。

时间纸条在你手里一张张被撕掉，只剩下短短的一节，对此，能说说你的感受吗？

面对为数不多的时间，你打算如何最有效地利用它？

**2. 画一画：我的时间馅饼**

现在请你根据一日 24 小时来合理设计规划自己最佳的"时间馅饼"，其中包括学习、锻炼、睡觉等时间。提示：在你制定规划时，请注意，一定要做到今日事今日毕；要给自己留点休息时间；留足够的时间做足够的事；不要让时间控制自己，而要做时间的小主人。

**3. 学习时间管理情况自测**

下面是 25 道自测题，请你根据自己的实际情况进行测评，能够做到的在表格对应处打"√"，没有做到的打"×"，每个星期测一次，看看自己在学习目标和时间管理上的进步情况。

| 序号 | 内容 | 第一星期 | 第二星期 | 第三星期 | 第四星期 | 第五星期 | 小结 |
|---|---|---|---|---|---|---|---|
| 1 | 你是否真正热爱学习，并始终能保持积极乐观的心态？ | | | | | | |
| 2 | 每天开始学习前，你是否先拟定"当日学习计划表"？ | | | | | | |
| 3 | 你是否按事情的轻重缓急来编排好做事的次序并按此执行？ | | | | | | |
| 4 | 你是否能够把注意力都集中在学习目标上？ | | | | | | |
| 5 | 你是否知道自己从事某项学习任务的最佳时间？ | | | | | | |
| 6 | 你是否能够铭记自己的时间价值观？ | | | | | | |
| 7 | 你是否经常思考今天有没有为实现目标而努力？ | | | | | | |

(续表)

| 序号 | 内容 | 第一星期 | 第二星期 | 第三星期 | 第四星期 | 第五星期 | 小结 |
|---|---|---|---|---|---|---|---|
| 8 | 你是否利用上学、放学途中或者其他时间来学习？ | | | | | | |
| 9 | 你是否会给自己留出机动时间，以备处理意外发生的事情？ | | | | | | |
| 10 | 你是否会利用他人的帮助，使自己获得更多的时间？ | | | | | | |
| 11 | 你是否养成了条理清晰、干净整洁的生活和学习习惯？ | | | | | | |
| 12 | 你是否采取了措施来尽量减少桌面上的无用资料？ | | | | | | |
| 13 | 听课前，你是否会设法提高听课效率和学习效果？ | | | | | | |
| 14 | 你是否会勤加思考、多写多练，以此来改变只靠听和看的学习方式？ | | | | | | |
| 15 | 你是否养成了遇事马上行动、立即就做的习惯？ | | | | | | |
| 16 | 你是否能够不把时间浪费在空想、懊恼和气馁上？ | | | | | | |
| 17 | 你是否经常给自己规定完成某项任务的期限和要求？ | | | | | | |
| 18 | 你是否能够尽早地终止那些毫无意义的活动？ | | | | | | |
| 19 | 你是否能够在等待的时间里随时阅读随身带的卡片？ | | | | | | |
| 20 | 你是否能够真正控制自己的时间，不去附和他人？ | | | | | | |
| 21 | 你是否善于应用节约时间的方法和工具？ | | | | | | |
| 22 | 当天学习结束时，你是否会按计划检查任务完成的情况？ | | | | | | |
| 23 | 你是否经常对自己的学习时间进行统计分析和管理？ | | | | | | |
| 24 | 你是否定期检查自己的时间支配方式合理与否？ | | | | | | |
| 25 | 你是否能把学习成效作为自我管理考核的依据？ | | | | | | |

## 三、阅读

### 鲁迅先生珍惜时间的故事

鲁迅是我国伟大的文学家和思想家，他的一生是成功的一生，之所以成功，有一个重要的秘诀，那就是他懂得珍惜时间。鲁迅12岁在绍兴城读私塾的时候，父亲身患重病，两个弟弟又年纪尚幼，所以鲁迅不仅要经常上当铺、跑药店，还得帮助母亲做家务。为了避免影响学业，小小年纪的他就学会了精确掌握各项事情的时间安排。

鲁迅的兴趣十分广泛，喜欢读书，又喜欢写作，他对民间艺术特别是传说、绘画，也有浓厚的兴趣。正因为他广泛涉猎，多方面学习，所以时间对于他来说，更是非常重要。鲁迅几乎每天都在挤时间，他说过："时间就像海绵里的水，只要愿挤，总还是有的。"

鲁迅以各种方式来鞭策自己珍惜时间，以便用来刻苦学习和工作。在北京时，他的卧室兼书房里挂着一副对联，集录着我国古代伟大诗人屈原的两句诗，上联是"望崦嵫而勿迫"（看见太阳落山了心里还不焦急），下联为"恐鹈鴂之先鸣"（怕的是一年又去，报春的杜鹃又早早啼叫）。书房墙上还挂着一张他最崇敬的日本老师藤野先生的照片。鲁迅在《朝花夕拾》中写道："每当夜间疲倦，正想偷懒时，仰面在灯光中瞥见他黑瘦的面貌，似乎正要说出抑扬顿挫的话来，便使我忽又良心发现，而且增加勇气了，于是点上一支烟，再继续写些为'正人君子'之流所深恶痛疾的文字。"鲁迅就这样，用朝夕相处的对联和照片来督促自己抓紧时间学习和工作。

正是因为有了这种惜时如命的精神，鲁迅在他56年的生命旅途中，广泛涉及自然、社会科学等许多领域，一生著译1000多万字，给后人留下了一份宝贵的文化遗产。

历数古今中外大有建树者，无一不惜时如金，让我们一起看看吧。

古书《淮南子·原道训》有云："圣人不贵尺之璧，而重寸之阴。"

汉乐府《长歌行》有这样的诗句："百川东到海，何时复西归？少壮不努力，老大徒伤悲。"

晋朝陶渊明也有惜时诗："盛年不重来，一日难再晨。及时当勉励，岁月不待人。"

唐末王贞白在《白鹿洞》一诗中更有"一寸光阴一寸金"的妙喻。

法国作家巴尔扎克把时间比作资本。

德国诗人歌德把时间看成自己的财产。

英国物理学家、化学家法拉第中年以后，为了节省时间，把整个身心都用在了科学创造上，严格控制自己，拒绝参加一切与科学无关的活动，甚至辞去了皇家学院主席的职务。

居里夫人为了使来访者不拖延拜访时间，在会客室里从来不放座椅。

76岁的爱因斯坦病倒了，有位老朋友问他想要什么东西，他说："我只希望还有若干小时的时间，让我把一些稿子整理好。"

亲爱的同学，读了上面的文章，你有什么感悟？

## 好习惯成就人生

著名教育家叶圣陶曾经说过:"积千累万,不如养个好习惯。"养成良好的习惯需要我们严格要求自己,从一点一滴的小事情做起。良好的习惯对我们的学习和生活都十分重要,将会使我们终身受益。

### 习惯决定命运

有一家企业招工,报酬丰厚,但要求却十分严格。一些高学历的年轻人过五关斩六将,几乎就要如愿以偿被录取了。但谁都没想到最后一关会碰到大麻烦。这一关是什么呢?那就是总经理要亲自面试。

一见面,总经理就对大家说:"很抱歉,我现在有点急事,要出去10分钟,你们能不能等我啊?"

大家说:"没问题,总经理,您去吧,我们等您。"

总经理走后,这些踌躇满志的年轻人开始围着总经理的大写字台表现出浓厚的兴趣。写字台上文件一摞，信一摞，资料一摞。结果，大家是你看这一摞，我看那一摞，没有一个闲着的，看完了还互相交换着看。

10分钟后，总经理回来了，对大家说："面试已经结束了。"

这些年轻人很奇怪，说："我们在等您，您什么时候开始面试的呢？"

总经理平静地说："我不在期间，你们的表现就是面试。很遗憾，你们没有一个人被录取，因为本公司不能录取那些乱翻别人东西的人。"

这些年轻人听后目瞪口呆，悔恨不已。

这个故事说明：一个坏习惯会使你丧失良机，而一个好习惯则将使你走向成功。

## 认识习惯

### 1. 什么是习惯

习惯是指人在一定的情境下自动化地去进行某种动作的需要或倾向。比如在养成了饭前、便后或游戏后一定要洗手的习惯后，再完成这种动作就已经是我们的需要了。我们说这种自动化了的动作或行为，也可以包括思维或情感的内容。习惯满足了人们的某种需要，但也可能会因此起到积极或消极的双重作用。

### 2. 习惯的特征

（1）**后天性**。习惯不是先天遗传的，而是人们在后天的环境中习得的，是一种条件反射。人们可以有意识、有目的地培养良好习惯，克服不良习惯。

（2）**稳固性和可变性**。一般来说，习惯一旦形成就较难改变。但这种稳固性不是绝对的，只要经过较长时间的强化训练，即使是已经形成的较为牢固的习惯，也是可以改变的。比如有个孩子爱生闷气，他爸爸就对他说："假如你不希望自己脾气暴躁，就不要养成这种爱生闷气的习惯，不要做出任何可能助长怒气的事。"这位父亲首先让孩子设法保持安静，然后再让孩子计算自己有多少天没发脾气。就这样，这个孩子从原来天天生气，到后来两天生一次气，然后三天一次，再后来四天一次……起初爱发脾气的习惯只是减弱，后来则渐至消除。

(3) **自动性和下意识性**。习惯是一个行为自动化的方式。所谓"自动化"，就是稳定的条件反射活动，甚至是下意识的动作。行为习惯形成以后，就不需要专门的思考和刻意的努力，如果不按习惯活动，就会感到很别扭。因而它具有相对的稳定性，具有自动化的作用，它不需要别人督促、提醒，也不需要自己去刻意努力，是一种省时、省力的自然动作。比如清晨喝一杯白开水，如果是在父母的提醒下才去喝，只能算是一种行为，而非习惯；如果想都没想，很自然地就去喝一杯白开水，不喝就感到十分别扭，这样的行为就叫作习惯了。

(4) **情境性**。习惯是在相同情境下出现的相同反应，因而具有情境性。养成了某种习惯的人，一旦到了特定的场合，习惯就会表现出来。比如有的同学只在学校爱劳动，在家里就不干了，这就是受到了情境的影响。

## 习惯决定命运

20世纪60年代，苏联宇航员加加林，乘坐"东方"号宇宙飞船进入太空遨游了108分钟，成为世界上第一位进入太空的宇航员。当时有几十位宇航员在同时接受培训，为什么加加林能脱颖而出？起决定作用的是一

个偶然事件。原来，在确定人选的前一个星期，主设计师科罗廖夫发现，在进入飞船参观前，只有加加林一个人把鞋脱了下来，只穿袜子进入座舱。就是这个细节，一下子赢得了科罗廖夫的好感，感动了他。科罗廖夫说："我只有把飞船交给一个如此爱惜它的人，我才放心。"所以加加林的成功，得益于他良好的习惯。有人开玩笑说：成功从脱鞋开始。

实际上这个故事告诉我们：好的习惯能够给人带来更多成功的机会，坏的习惯往往使你在不知不觉中走向失败。

习惯决定命运。这里隐藏着人类本能的秘诀，看看我们自己，看看我们周围，看看你我他，好习惯造就了多少辉煌成果，而坏习惯又毁掉了多少美好的人生！习惯一旦形成，就极具稳定性，心理上的行为习惯左右着我们的思维方式，决定着我们待人接物的方式；生理上的行为习惯左右着我们的行为发生，决定着我们的生活起居。

习惯决定命运。良好的行为习惯并非天生具有的，完全可以通过后天的努力来培养，让我们牢记著名心理学家威廉·詹姆斯的一句话："播下一个行动，你将收获一种习惯；播下一种习惯，你将收获一种性格；播下一种性格，你将收获一种命运。"好的习惯可以让人的一生发生重大变化，满身恶习的人，是成不了大气候的，唯有养成良好习惯的人，才能实现自己的目标。

## 培养好习惯，改掉坏习惯

习惯是一种长期形成的思维方式、处世态度，是由一再重复的思想行为形成的，习惯具有很强的惯性。人们往往会不由自主地妥协于自己的习惯，不论是好习惯还是坏习惯，都是如此。可见习惯的力量在不经意中就能影响人的一生。

### 好习惯成就人生

1988年1月18日至21日，75位诺贝尔奖金获得者在巴黎聚会，以"21世纪的希望和威胁"为主题，就人类面临的重大问题进行研讨。

在会议期间，有人问一位诺贝尔奖获得者：

"您认为自己最主要的知识是在哪里学到的？"

这位白发苍苍的获奖者回答：

"是在幼儿园。"

提问者愣住了，又问：

"您在幼儿园学到些什么呢？"

获奖者耐心地回答：

"把自己的东西分一半给小伙伴们，不是自己的东西不要拿，东西要放整齐，吃饭前要洗手，做错了事情要表示歉意，午饭后要休息，要仔细观察周围的大自然。从根本上说，我学到的全部东西就是这些。"

这段对话是耐人寻味的。从幼儿园学到的基础的东西，直到老年时还记忆犹新，可见留下的印象是非常深刻的。这说明从小养成的良好习惯会伴随人的一生，时时处处都在起作用。

一般来说，习惯可以在有目的、有计划的训练中形成，也可以在无意识状态中形成。而良好的习惯必然在有意识的训练中形成，这是好习惯与坏习惯的根本区别。好习惯的养成不会是轻而易举的，而坏习惯形成后，要改变它也是十分困难的。因此，我们应当注意从小培养良好的学习习惯、劳动习惯、卫生习惯、语言习惯、思维习惯等，以便为日后的学习和工作打下坚实的基础。年龄越小，可塑性越强，培养各种良好习惯越容易见效。

好习惯的形成大致分三个阶段：

第一阶段：1~7 天左右。此阶段的特征是"刻意，不自然"。你需要十分刻意地提醒自己去改变，而你也会觉得有些不自然、不舒服。

第二阶段：8~21 天左右。不要放弃第一阶段的努力，继续重复，跨入第二阶段。此阶段的特征是"刻意，自然"。你已经觉得比较自然、比较舒服了，但是一不留意，你就会恢复到从前，因此，你还需要刻意提醒自己改变。

第三阶段：22~90 天左右。此阶段的特征是"不经意，自然"，其实这就是习惯。这一阶段被称为"习惯的稳定期"。一旦跨入此阶段，你就已经完成了自我改造，这项习惯就已经成为你生命中的一个有机组成部分，它会自然而然地为你"效劳"。

好习惯、坏习惯均是如此，都是在不断的重复中慢慢形成的。心理学家研究指出，一项看似简单的行动，如果你能坚持重复 21 天以上，你就会形成习惯；如果坚持重复 90 天以上，就会形成稳定习惯；如果能坚持重复 365 天以上，你再想改变它都很困难。同理，一个想法，重复思考 21 天，或重复验证 21 次，就会变成习惯性的想法。

这样看来，改掉不良习惯，养成好习惯，也就没有我们想象的那么困难了。任何一种行为只要不断地重复去做，就会成为一种习惯。同理，任何一种思想只要不断地重复去想，也会成为一种习惯，进而影响潜意识，在不知不觉中改变我们的行为。这就是我们经常说的"21 天好习惯培养法"

的设计原理。其具体要点如下：

（1）坚持这个习惯 21 天；

（2）让自己清楚地了解到新习惯带来的好处；

（3）把它当作一个试验，像科学家一样，把培养习惯当作一次尝试，而非一个心理斗争；

（4）远离危险区，远离那些可能再次触发你旧习惯的地方；

（5）将计划写在纸上，并告诉你的朋友，给自己一种压力；

（6）保持简单，建立习惯的要求只需要几条就可以了，并且更容易坚持；

（7）不要追求完美，一步一步地去做，不要指望一次就全部改变。

成功，就是简单的事情反复地做。之所以有人不成功，不是他做不到，而是他不愿意去做那些简单而重复的事情。所以，只要你开始做，并一天天地坚持下去，你就会取得意料之外的效果。

不要怀疑，马上开始行动吧！我们坚信，只要你坚持 21 天，你就一定会爱上它。

## 练习与拓展

### 一、想一想

1. 小峰清晨起来还回味着昨夜的梦，他梦到自己到了一所好大好大的学校，好多大哥哥大姐姐在校园里，有的看书，有的聊天。学校里的建筑非常有特点，似乎有几百年的历史了。他想，这不就是自己梦想中的大学吗？其实，我们每个人都拥有一个大学梦。为了实现我们的大学梦，我们从现在开始应该养成哪些良好的学习习惯呢？

我们应养成如下的学习习惯：

（1）＿＿＿＿＿＿＿＿＿＿＿＿＿＿＿＿＿＿＿＿＿＿＿＿＿＿＿＿＿＿＿＿

（2）＿＿＿＿＿＿＿＿＿＿＿＿＿＿＿＿＿＿＿＿＿＿＿＿＿＿＿＿＿＿＿＿

（3）＿＿＿＿＿＿＿＿＿＿＿＿＿＿＿＿＿＿＿＿＿＿＿＿＿＿＿＿＿＿＿＿

（4）＿＿＿＿＿＿＿＿＿＿＿＿＿＿＿＿＿＿＿＿＿＿＿＿＿＿＿＿＿＿＿＿

（5）＿＿＿＿＿＿＿＿＿＿＿＿＿＿＿＿＿＿＿＿＿＿＿＿＿＿＿＿＿＿＿＿

（6）＿＿＿＿＿＿＿＿＿＿＿＿＿＿＿＿＿＿＿＿＿＿＿＿＿＿＿＿＿＿＿＿

2. 以下这些选项你做到了哪些？

（1）每天放学回家，总是先写完作业，再做其他的事情；

（2）写作业的时候很专注，不会边写边玩；

（3）上课的时候，能做到专心听讲，并积极回答老师的提问；

（4）身边总是备有词典、字典等学习工具，遇到不会的问题及时查找；

（5）学习结束后，会自己收拾书包，并做好第二天上课的准备；

（6）做作业有困难时自己独立解决；

（7）每天坚持阅读课外书，并进行摘抄；

（8）做到课前预习知识，不明白的问题提前做好标记；

（9）当大人讲话时从不插嘴；

（10）听从父母、老师的教诲，不顶撞父母、老师；

（11）借了别人的东西按时归还，说话算话；

（12）见到老师、客人主动问好；

（13）做作业时，认真审题后进行解答；

（14）养成及时复习并将疑难点加以整理的习惯；

（15）珍惜粮食，不挑食，不浪费饭菜；

（16）爱护环境，不随地吐痰，不乱扔杂物；

（17）用过的东西放回原处；

（18）与同学交流时，要尊重别人的意见和观点。

自己归类一下，哪些属于学习习惯？哪些属于行为习惯？你做得如何？

| | 学习习惯 | 行为习惯 |
|---|---|---|
| 1 | | |
| 2 | | |
| 3 | | |
| 4 | | |
| 5 | | |
| 6 | | |
| 7 | | |

（续表）

| | |
|---|---|
| 8 | |
| 9 | |
| 10 | |
| 11 | |
| 12 | |
| 13 | |
| 14 | |
| 15 | |
| 16 | |
| 17 | |
| 18 | |

## 二、做一做

好习惯会引领你走向成功。从现在开始，试着在 21 天时间内坚持做到以下方面：

（1）凡事第一反应：找方法，不找借口；

（2）遇到挫折时，对自己说：太好了，机会来了；

（3）不说消极的话，不为消极的情绪所控制，一旦发生，立即正面处理；

（4）凡事先订立目标；

（5）行动前预先作计划；

（6）随时用零碎的时间做零碎的事情；

（7）守时；

（8）写日记，不要太依靠记忆；

（9）随时记录想到的灵感；

（10）微笑；

（11）用心倾听，不打断对方的话；

（12）说话有力，感觉自己的声音能产生具有感染力的磁场；

（13）说话之前先考虑对方的感受；

（14）每天有意识地赞美人三次；

（15）如果有人帮助了你，及时表示感谢；

（16）不要让自己做出为自己辩解的第一反应；

（17）不用训斥、指责、命令的口吻与别人说话；

（18）不管哪方面，每天必须至少做一件能使自己"进步一点点"的事情，有意识地提升自我；

（19）每天提前15分钟上学；

（20）恪守诚信；

（21）每天读课外书。

## 三、阅读

**关于习惯的名言**

（1）播种行为，可以收获习惯；播种习惯，可以收获性格；播种性格，可以收获命运。

（2）多一个好习惯，就多一分自信；多一个好习惯，就多一分成功的机会；多一个好习惯，就多一分享受生活的能力。

（3）良好的习惯乃是人在其神经系统中存放的道德资本，这个资本不断地增值，而人在其整个一生中就享受着它的利息。

（4）习惯就像一把钥匙，好习惯可以开启成功和幸福之门，带领你走出扑朔迷离的大海，为你的人生指明正确的方向；坏习惯则会随时阻碍你走向成功之门，把你带到堕落和颓废的路上去。

（5）人不能决定命运。人决定习惯，习惯决定命运。

（6）养成读书的习惯，人就一辈子不寂寞；养不成读书的习惯，人一辈子不知所措。

（7）习惯像一根缆绳，只要我们每天给它缠上新的一股，要不了多久，它就会变得牢不可破。

（8）人喜欢习惯，因为造它的就是自己。

（9）美德大多存在于良好的习惯中。

（10）习惯真是一种顽强而巨大的力量，它可以主宰人的一生，因此，人从幼年起就应该通过教育培养一种良好的习惯。

（11）坚持才有习惯，习惯在于坚持。

你还知道哪些关于习惯的名言，写下来吧。

每个人都有梦想,梦想像一把金钥匙,为人们打开通往成功的大门;梦想像一座灯塔,为人们指引前进的方向。

人因梦想而伟大,梦想因追求而精彩。此刻,请相信梦想的力量,用尽全力去追逐梦想,去追逐那份期盼已久的渴望吧!

## 畅想人生美好未来

## 20年后的我

理想是灯塔，指引人生前进的方向；理想是翅膀，带着雏鹰飞上蓝天。一个人的理想，很大程度上决定着他的人生过程，决定着他生活境界的高低。有无理想是人与动物的本质区别，人正是因为有了理想，才有了不同于动物的生活态度和生活质量，人的生命才有了超越动物的光彩。

### 儿时的梦想

有个叫布罗迪的英国教师，某天他在整理阁楼上的旧物时，发现了一叠作文簿，这些作文簿是皮特金幼儿园B（2）班31位孩子的春季作文，题目是：未来我是……，这些作文簿已经堆在这里50年了。

布罗迪随便翻了几本，很快被孩子们千奇百怪的儿时梦想迷住了。比如：有个叫彼得的家伙说，未来他是海军大臣，因为有一次他在海中游泳，喝了3升海水都没被淹死。还有一个孩子说，自己将来必定是法国总统，因为他能背出25个法国城市的名字，而他的同班同学最多只能背出7个。最让人称奇的是一个叫戴维的小盲童，他认为，将来他必定是英国的一个内阁大臣，因为英国还没一个盲人进入过内阁。

布罗迪读着这些作文，忽然有一个冲动——何不把这些本子重新发到当时那些孩子的手中，让他们看看现在是否实现了50年前的理想。

当地一家报社得知他这个想法后，为他发了一则启事。没几天，布罗迪便收到了很多来信，他们中间有商人、学者和政府官员，更多的是没有显著身份的人，他们都表示，很想知道儿时的梦想，并且很想得到那本作文簿，于是布罗迪按地址一一给他们寄了过去。

一年后，布罗迪身边仅剩下一本作文簿没人索要，而这本作文簿正是那个叫戴维的小盲童的。布罗迪想，戴维可能死了，毕竟50年了，50年间什么事都会发生的。

就在布罗迪准备把这个本子私人收藏时，他收到了内阁教育大臣布伦克特的一封信。内阁大臣在信中说："那个叫戴维的孩子就是我，感谢您还为我们保存着儿时的梦想。不过，我已经不需要那个本子了，因为从那时起，我的梦想一直装在我的脑子里，我从没有放弃过。50年过去了，可以说我已经实现了那个梦想。今天，我还想通过这封信告诉班上其他的30位同学，只要不让年轻时的梦想随岁月飘逝，成功总有一天会出现在你面前。"

布伦克特的这封信后来被发表在《太阳报》上，他作为英国第一位盲人内阁大臣，用自己的行动告诉世人，假如谁把3岁时想当总统的愿望执着地努力奋斗50年，那么他现在一定已经是总统了。

我们再来看看李时珍的故事。

李时珍的理想是编写一本医书《本草纲目》。为了实现这个理想，他

跋山涉水，不惜冒着生命危险尝遍百草。李时珍在继承和总结以前本草学成就的基础上，结合自己长期学习、采访所积累的大量药学知识，经过不断地实践和钻研终于成书。这部巨著载有药物1892种，收集医方11096个。正是因为李时珍心中始终有一个理想，矢志不移，才能克服种种困难，将理想变为现实。

同学们，读了上面的故事，你们知道理想对人生的重要作用了吧。那么，让我们一起来了解什么是理想。

## 理想及其分类

理想是我们对人生的展望，对未来的憧憬。一般来说，理想就是人生的奋斗目标，是人们对未来生活和活动的设想。理想包括生活理想和职业理想。

生活理想是人们对未来生活的追求和向往。比如：你希望未来过什么样的生活？在物质上、精神上有什么目标？怎样才能让自己的生活更加有意义，更加充实？人本主义心理学家马斯洛认为，人类的需要分为5个层次，从低到高依次为：生理的需要、安全的需要、归属与爱的需要、尊重的需要、自我实现的需要。在这些需要中，人们首先要满足最低层次的生理、安全的需要，然后才逐渐升级，满足高一层次的需要。生命的质量就在于我们通过自己的努力，一层一层地满足自己的需要，在这个过程中逐步实现自己的理想，我们的生命质量也因此获得了提高。

职业理想是指人们对未来的工作部门、工作种类及工作业绩的追求。职业不仅是我们谋生的手段，也是实现人生价值的重要途径。童年时期，我们的职业理想更多的是对未来职业天真烂漫的幻想或想象，而中学阶段则懂得了对职业进行评价，明白了探索自己职业前途的重要性。

## 理想与价值观

我们先来读读"古松三态"这个典故：一棵古松，在木匠看来，它就是一根梁；在画家看来，它是美的，是风景的组成部分；在种地的农民看来，它可以遮阳。木匠、画家和农民，他们都从各自的角度看到了古松对自己有价值的地方，并由此产生了不同的看法。木匠要砍树，而农民与画家则要保护树。

"古松三态"就是不同的价值观体现。

价值观是人认定事物、辨别是非的一种价值取向，也是人们对自己生命意义的看法，是对自己要干什么和不要干什么的一种判断标准。不同理想蕴含着不同的价值观，价值观直接影响和决定人的理想。因此，要实现美好的理想，首先要树立正确的价值观。

## 理想的实现

### 1. 付诸行动

有两个年轻人去求助一位老人，他们问着相同的问题："我有许多的理想和抱负，但我总是笨手笨脚，不知何时才能将其实现。"

老人给了他们一人一颗种子，并细心地交代他们："这是一颗神奇的种子，谁能够妥善地把它保存下来，谁就能够实现自己的理想。"

几年后，老人碰到了这两个年轻人，顺便问起了种子的情况。

第一个年轻人谨慎地拿着锦盒，缓缓地掀开里头的棉布，对老人说："我把种子收藏在锦盒里，时时刻刻都将它妥善地保存着。"

老人听了点了点头，看向第二个年轻人，第二个年轻人指着前面的一座山丘说："您看，我把这颗神奇的种子埋在土里，灌溉施肥，现在整座山丘都长满了果树，每一棵果树都结满了果实。"

听了他们两个人的回答，老人关切地说："孩子们，我给你们的并不是什么神奇的种子，那不过是一般的种子而已。如果你只是守着它，那它将永远不会结果，只有用汗水灌溉，才能有丰硕的成果。"

如果种子有神奇的力量，但没有被埋进土壤，没有被灌溉耕耘，更没有被精心栽培，那它最多也不过是一颗普通的种子，一点也神奇不起来。而如果一颗普通的种子，我们把它埋进肥沃的土壤，用汗水浇灌，精心培育，即使它再普通，也会孕育出奇迹。

读完这个故事，我们可以得出一个结论：实现理想是要付诸行动的。天道酬勤，有多少付出才会有多少收获。成功来自积极的努力。不畏劳苦，敢于拼搏，锁定目标，绝不放弃，是实现理想必须具备的精神品质。

总之，我们可以怀抱美好的理想、伟大的理想，但饭要一口一口地吃，路要一步一步地走，要实现理想和抱负，首先就要踏踏实实、认认真真地做好手边的事。人生成功的秘诀就是要相信自己，自觉行动，对人生、对事业怀有无比的热忱，如果把握了这三个要点，对实现理想会有极大帮助。

## 2. 向自己挑战

有人说："人不能战胜的，往往就是自己。"著名哲学家马建勋在其《心灵哲学》一书中写道："人最难的是认识自己。清醒地认识自己，准确地判断自己，合理地安排自己，有计划地完善自己，心灵就会充实，精神就会满足，理想就会得以实现。"人生在世，最大的竞争对手不是别人而是自己。我们难以把握机会，是因为我们存在犹豫和拖延的毛病；我们容易满足现状，是因为我们没有更高的理想；我们不敢面对未来，是因为缺乏自信；我们无法发挥潜能，是因为不能超越自我。在心理学中，有一个著名的摘苹果理论，意思是说，一个渴望成功的人，应该努力去采摘那些需要跳起来才能够得着的苹果，那就是目标。这是一个多么形象的比喻，多么深刻的人生哲理。它启示我们：在人生的道路上，要不断地挑战自我、激励自我、超越自我，执着地向着自己理想的目标迈进。

作为学生，当下最重要的是通过学习超越自我，这样才能不断得到发展。如从平时不能按时完成作业到能按时完成作业，是一种超越；由学习马虎到学习认真，是一种超越；从厌学到上课积极回答问题，也是一种超越……

同学们，你有自己的人生理想和目标吗？拥有理想的人是幸福的，因为他像一只上满发条的闹钟，永不懈怠；拥有理想的人是富有的，因为他的内心里充满着希望和激情；拥有理想的人是快乐的，因为他的灵魂里从来没有烦恼；拥有理想的人是宽广的，因为他的生活中没有眼泪与悔恨。

愿大家都有美好的理想！

## 练习与拓展

### 一、想一想

#### 1. 想象一下 20 年后的你

你是否能具体地想象出自己 20 年后的模样？未来的生涯会是什么样子？现在就让我们一起乘坐未来世界最先进的时光机，到未来世界去旅行吧！

现在，我们一起坐在时光机里，来到 20 年后的世界，也就是公元××××年的世界。想一想，这时你多大了？容貌有变化吗？请你尽量想象 20 年后的情形，愈仔细愈好。好，现在你正躺在家里卧室的床上。这时候是清晨，和往常一样，你慢慢地张开眼睛，首先看到的是卧室里的天花板。看到了吗？它是什么颜色？

接着，你准备下床。尝试用脚指头去感觉接触地面那一刹那的温度，凉凉的，还是暖暖的？经过一番梳洗，你来到衣柜面前，准备换衣服上班。今天你要穿什么样的衣服上班？穿好衣服，你照一照镜子整理一番。然后你来到了餐厅，早餐吃的是什么？一起用餐的有谁？你跟他们说了什么话？

接下来，你关上家里的大门，准备前往工作的地点。你回头看一下你的家，它是一栋什么样的房子？然后，你将搭乘什么样的交通工具去上班？

你即将到达工作的地方看起来如何？好，你进入工作的地方，你跟同事打了招呼，他们怎么称呼你？你还注意到哪些人出现在这里？他们正在做什么？

你在你的办公桌前坐下，安排好今天的行程后，开始上午的工作。上午的工作内容是什么？跟哪些人一起工作？工作时用到哪些东西？

上午的工作很快就结束了。中餐如何解决？吃的是什么？跟谁一起吃？中餐还愉快吗？

接下来是下午的工作，跟上午的工作内容有什么不同吗？还是一样的忙碌吗？

快到下班的时间了，或者你没有固定的下班时间，但你即将结束一天的工作。下班后，你直接回家吗？或者要先办点什么事？或者要参加一些其他的什么活动？

晚上到家后，家里有哪些人呢？回家后你都做些什么事？晚餐的时间到了，你会在哪里用餐？跟谁一起用餐？吃的是什么？

晚餐后，你做了些什么？跟谁在一起？

该是就寝的时间了，你躺在卧室的那张床铺上，回忆一下今天的工作与生活，今天过得愉快吗？你希望明天的生活也是如此吗？

好，时光机又渐渐地把我们载回到了现在，回到了现实世界。还记得你的幻想经历吗？请和你的朋友或同学一起分享你的生涯幻想中出现了哪些有趣的经历。

20年后：

（1）我从事的职业：_____

（2）我的日常工作内容：_____

（3）我的工作职位：_____

（4）我的住处：_____

（5）我的家庭成员：_____

（6）我常交往的朋友：_____
（7）我的休闲娱乐活动：_____

想一想，在生涯幻想活动中，你有什么感受？你印象中最深刻的画面是什么？20年后，你的生涯角色和现在相比有什么变化？

### 2. 写出一生中最想完成的十件大事

未来世界的一番自在遨游，也许会勾起一些你平日潜藏在心底深处的愿望和憧憬。这些愿望也许在目前你所处的现实环境中尚无法实现，但谁又知道未来会不会有那么一天，你逐步构建出梦想中的画面，将理想变为了现实！如果蝴蝶可以梦见庄周，那么蝴蝶会希望如何过庄周的生活呢？不要让现实羁绊住你的梦想，就让梦想乘着蝴蝶的翅膀飞翔吧！

我梦想这一生能完成的十件大事：

（1）_____
（2）_____
（3）_____
（4）_____
（5）_____
（6）_____
（7）_____
（8）_____
（9）_____
（10）_____

### 3. 畅想未来

请你充分发挥自己的想象，幻想一下你在每个人生阶段（5年后、10年后、20年后……）最有代表性的片段，与同伴一起分享出现在你脑海里的情景，然后说说你准备如何去实现这些片段。

在此期间，你都在做些什么？从事什么工作？有哪些贡献？回到现实，展望未来，你要如何设定目标才能使自己变成想象中那个"20年后的我"？

我要 _____ 变成5年后的那个我。

我要 _____ 变成10年后的那个我。

我要 _____ 变成20年后的那个我。

## 二、做一做

### 1. 采访亲友

你的身边肯定有一些成功的亲戚或者朋友，听听他们最初的生涯规划及正在进行的职业道路，这将成为引领你前进的路灯。找到你最想采访的人，问一些你最想问的问题，用心倾听他们的故事。

我采访的人：_____

他/她的职业：_____

他/她最初的生涯规划：_____

他/她的职业道路：_____

他/她学习的脚步：_____

20~30 岁：_____

31~40 岁：_____

41~50 岁：_____

51~60 岁：_____

采访后，我的感受：

### 2. 写出自己的理想

有理想的人才会有自己的目标，理想是一个人心中的太阳，它能照亮其生命中的每一个角落。理想是成功的向导，它像不灭的灯塔，在茫茫大海上指引我们人生的航向。我们要相信成功的可能性，并且试着去做，只有行动行动再行动，才是实现理想唯一的途径。

请以"我的理想在远方"为题写一篇不少于 400 字的文章。

要求：角度自选，立意自定，文体自选。

## 三、阅读

### 袁隆平杂交水稻的故事

三年困难时期，袁隆平目睹了现实的惨状，辗转反侧不能安睡。他决心努力发挥自己的才智，用学过的专业知识，尽快培育出亩产过 800 斤、1000 斤、2000 斤的水稻新品种，让粮食大幅度增产，用农业科学技术战胜饥饿。

袁隆平依据对遗传学已有的较深的认识，对试验田里的退化植株仔细进行观察和统计分析，充分证明水稻也存在明显的杂交优势现象，试验结果使他确信，搞杂交水稻的研究具有光明的前景！

可是，杂交水稻是世界难题。因为水稻是雌雄同花的作物，自花授粉，难以一朵一朵地去掉雄花搞杂交。这样就需要培育出一个雄花不育的稻株，即雄性不育系，然后才能与其他品种杂交。这是一个难解的世界难题，袁隆平却知难而进。他认为，雄性不育系的原始亲本，是一株自然突变的雄性不育株，也能天然存在。袁隆平头顶烈日，脚踩烂泥，驼背弯腰地、一穗一穗地在稻田里观察寻找，功夫不负有心人，他最终发现了雄性不育的植株。经过试验和科学数据的分析整理，袁隆平撰写出第一篇重要论文《水稻的雄性不孕性》，文中还预言，通过进一步选育，可以从中获得雄性不育系、保持系（使后代保持雄性不育的性状）和恢复系（恢复雄性可育能力），实现三系配套，使利用杂交水稻第一代优势成为可能，将会给农业生产带来大面积、大幅度的增产。

1974年，袁隆平配制种子成功，并组织了优势鉴定。1975年在湖南省委、省政府的支持下，获大面积制种成功，为次年大面积推广做好了种子准备，使该项研究成果进入大面积推广阶段。

1975年冬，国务院做出了迅速扩大试种和大量推广杂交水稻的决定，国家投入了大量人力、物力、财力，一年三代地进行繁殖制种，以最快的速度推广。1976年定点示范208万亩，在全国范围开始应用于生产，到1988年全国杂交水稻面积达1.94亿亩。1976年至1988年间，全国累计种植杂交水稻面积12.56亿亩，累计增产稻谷1000亿公斤以上，增加总产值280亿元，取得了巨大的经济效益和社会效益。群众交口称赞靠两"平"解决了吃饭问题：一靠党中央政策的高水平，二靠袁隆平的杂交水稻。人们用朴实的语言，说出了亿万中国农民的心里话。

　　时刻铭记自己的梦想，成就了袁隆平事业的辉煌。生活中，每个人都有自己的梦想，不同的是，有的人时刻铭记，直至成功；有的人率性而为，紧跟着被世俗、平庸所吞噬。这恐怕就是梦想能否成真的关键所在！

## 我的计划书

　　选定自己未来的发展目标，规划好自己未来的职业生涯是一个人事业成功的开始，而事业成功又是实现人生价值的直接体现。及时、科学的生涯规划不仅能使我们顺利度过学生时代，而且对我们的一生都会产生重要的影响。

　　一天，国王在大臣的陪同下，来到马棚视察养马人的工作情况。国王询问养马人，马棚的大小事务，你觉得哪一件最难？养马人一时难以回答。

　　其实，养马人心中是十分清楚的，一年365天，打草备料，接驹钉掌，除粪清栏，哪一件都不是轻松的事。可是在国王的面前，怎能一一数落出来呢？

　　站在一排拴马栅栏旁的大臣环视了一周，便代养马人答道："从前我也当过马夫，在我看来，编排用于拴马的栅栏最困难。为什么呢？因为在编栅栏时所用的木料往往曲直混杂。要想让所选用的木料用起来顺手，如果你在下第一根桩时用了弯曲的木料，随后你就得顺势将弯曲的木料用到底。像这样曲木之后再加曲木，笔直的木料就无法使用了。反之，如果一开始就选用笔直的木料，往后必然是直木加直木，曲木也就用不上了。"

读了上面的故事，你能获得哪些启示？

这个故事使我们懂得制定完善的规划是极其重要的，"规划"是指个人或组织制订的比较全面长远的发展计划，是对未来整体性、长期性、基本性问题的思考和考量。完善的生涯规划书应该根据自己的实际情况进行规划，严格按照项目管理的方法实施，并沿着此规划的轨迹，一步步去实现自己的人生理想。

## 成功从明确目标开始

有了理想，还要有目标。没有目标，就很难有自觉的生涯规划；没有目标，也很难有真正的发展动力。没有目标的人就如同航行在茫茫大海上的孤舟，没有方向，不知去往哪里。人不可以没有目标，也不可以总想变换目标，必须明确一个不会轻易变更的奋斗目标，这是取得成功的基本保证。明确适合的目标，是漫漫生涯路中的灯塔，指引你走向成功的彼岸。

目标是一个人内心深处想得到的结果，这个结果必须符合自己的性格、爱好、兴趣、外在的特征和内在的特质。目标有远期目标、中期目标、短期目标之分。一个人没有远期目标，就会变得没有气势；没有中期目标，就会变得没有精神；没有短期目标，就会变得不勤奋。

## 明确规划内容

如何进行生涯规划设计呢？有没有比较简单快捷的方式去进行自我生涯规划呢？在这里我们提供一种进行生涯规划的思路，如果你把以下三个问题弄明白了，你就能很好地去规划你的生涯之路了，那就是：我是谁？去哪里？怎么去？

### 1. 我是谁

要想全面认识自己，就要对自己做全面剖析。要设计一个有效的生涯规划方案，必须在客观认识自身条件与相关环境的基础上对自己的性格、特长、兴趣、学识、技能、智商、情商、思维方式等进行全面的自我分析，弄清自己想干什么、能干什么、应该干什么、在众多的职业面前自己会选择什么职业等问题。

学生时代是人生的黄金期，各方面都很难定型，因此要有意识地去探索。

生涯设计首先就是要进行自我分析，试着剖析自己的性格、能力、爱好、长处、短处、所处环境的优势和劣势，思考自己这一生中可能会遇到哪些机遇或挑战，逐渐明白"我是谁"。

数学家陈景润年轻时被安排在一所中学当老师，这就好比安排一头大象去做上树的工作一样，大象能上树吗？如果陈景润继续在中学教书，他能成为数学家吗？"兴趣是最好的老师"，做与自己兴趣吻合度高的工作，工作会更快乐，也更容易发挥出自己的能力。只有是你喜欢、擅长、有能力、有条件做的事情，你才能真正将其做好。

### 2. 去哪里

了解了"我是谁"以后，接下来要回答的问题就是你要"去哪里"，也就是说你的方向和目标在哪里，如何制定个人的目标。我们不妨试试写下 10 条未来几年或一生中你认为自己都应做的事情，不要顾虑哪些事情是自己做不到的，给自己充分的空间。因为人往往会高估 1 年能做的事情，而低估 10 年能做的事情。

制定目标很重要。哈佛大学有一个非常著名的关于目标对人生影响的跟踪调查，对象是一群智力、学历、生活环境等条件都差不多的年轻人，调查结果显示：他们之中 3% 的人有清醒且长期的目标，10% 的人有清醒但短期的目标，60% 的人有较模糊的目标，27% 的人无目标。25 年后，那 3% 的人几乎都成了社会各界的顶尖成功人士，因为这 25 年来他们几乎不曾更改过自己的人生目标，他们都朝着目标不懈地努力；那 10% 的人大都生活在社会的中上层，他们的共同特点是：短期目标不断被达成，生活状态稳步上升，成为各行各业不可或缺的专业人士，如医生、律师、工程师、高级主管等；那 60% 的人几乎都生活在社会的中下层，他们能安稳地生活与工作，但没有什么特别的成绩；而那 27% 的人几乎都生活在社会的最底层，他们的生活都过得很不如意，常常失业，靠社会救济，并且常常在抱怨他人、抱怨社会、抱怨世界。

由此看来，人必须要有长期且清晰的目标，利用达成目标来牵引实现个人发展。

### 3. 怎么去

在明确"去哪里"以后就有了个人的发展方向和目标，有了个人的生涯愿景，明白了自己存在的价值，这时你就要在头脑里为自己要达到的目标制订一个时间计划表，即为自己的人生设置里程碑。生涯规划一旦设定，它将时时提醒你已经取得了哪些成就以及你的进展如何。

"我是谁"的关键是要进行自我分析，明白自己适合做什么；"去哪里"的关键是要明确个人发展的方向和阶段性目标；"怎么去"的关键是要制订一个发展目标的实施计划。只要把生涯规划这三部曲弄明白，就能在人生道路上走向成功。

## 如何撰写规划

为自己制定一个科学的生涯规划，就是构筑自己人生的宏伟大厦。每个人都有属于自己的美好愿望，而生涯规划就是让自己每天做的事情和自己的美好愿望之间形成一个科学的、紧密的连接。生涯规划设计的步骤如下：

第一，分析自己是什么样的人。分析内容包括个人的兴趣爱好、性格倾向、身体状况、教育背景、专长、过往经历和思维能力等。这样做对自己会有个全面的了解。

第二，明确自己想要什么。这是目标的展望过程，包括职业目标、收入目标、学习目标、名望期望和成就感等。特别要注意的是学习目标，只有不断地确立学习目标，才能不被激烈的竞争所淘汰，才能不断超越自我，登上职业巅峰。

第三，弄清自己能做什么，自己专业技能何在。最好能学以致用，发挥自己的专长，在学习过程中积累和自己专业相关的知识技能。同时个人的工作经历也是一个重要的经验积累，可以以此判断自己能够做什么。

第四，找到自己的职业支撑点。你具有哪些职业竞争能力？你的各种资源和社会关系如何？个人、家庭、学校、社会的种种关系，也许都能够影响你的职业选择。

第五，选择最适合自己的。行业里职位众多，待遇、名望、成就感和工作压力及劳累程度都不一样，哪个才是适合自己的呢？选择最好的也许并不是适合自己的，选择适合自己的才是最好的。

第六，确定自己的选择。通过前面的过程，你就能够做出一个简单的职业生涯规划了。机会偏爱有准备的人，你做好了你的职业生涯规划，为未来的职业选择做出了准备，这就当然比没有做准备的人机会更多。

## 千里之行，始于足下

### 上路

一个和尚要云游参学。师父问："什么时候动身？""下个星期，路途远，我托人打了几双草鞋，取货后就动身。"师父沉吟了一会儿说："不如这样，我来请信众捐赠。"

师父不知道告诉了多少人，当天竟有好几十名信众送来草鞋，堆满了禅房的一角。隔天一早，又有人带来一把伞要送给和尚。

和尚问："你为何要送伞？""你的师父说你要远行，路上恐遇大雨，问我能不能送你把伞。"但这天不止一人送来了伞，到了晚上，禅房里堆了近50把伞。

晚课过后，师父步入和尚的禅房说："草鞋和伞够了吗？""够了，够了！"和尚指着房间里多得像小山似的鞋和伞，"太多了，我不可能全部带着。""这怎么行呢？"师父说，"天有不测风云，谁能料到你会走多少路，淋多少雨？万一草鞋走破了，伞丢了怎么办？"师父又说，"你一定还会遇到不少溪流，明天我请信众捐舟，你也带着吧……"

和尚这下明白了师父的用心，他跪下说："弟子现在就出发，什么也不带！"

同学们，目标确立后，就要毫不犹豫地向着目标前进，不要被身外之物羁绊。请带上自己坚定的决心上路吧！目标在远方，路在自己脚下，每迈出一步，就离目标近了一步，扎扎实实地一步一步走向成功吧！

## 练习与拓展

### 一、想一想

为了达成你的生涯目标，实现你心底深处对自己的期待，你必须铺设一条通往生涯目标的道路或阶梯，拟定自己的生涯规划。

**我的生涯规划**

（1）自我分析（包括兴趣爱好、价值追求、自我充实、性格特征、个性优势、个性劣势）

|  | 优势（每项不得少于50字） | 劣势（每项不得少于50字） |
| --- | --- | --- |
| 自我评价 |  |  |
| 家人评价 |  |  |
| 老师评价 |  |  |
| 朋友评价 |  |  |
| 同学评价 |  |  |
| 其他社会关系评价 |  |  |

（2）职业分析及小结（包括家庭环境分析、社会环境分析）

（3）确定职业目标

①职业类型：_____

②职业特征：_____

③主要职业领域：_____

（4）分阶段目标

3~5 年后，我的短期目标：_____

我的特点：_____

我在个性上可以尝试改变的：_____

我可以培养的生涯兴趣：_____

我尚需要培养的能力：_____

我必须具备的其他条件：_____

我的短期计划（学习或训练）：_____

6~10 年后，我的中期目标：_____

我的特点：_____

我在个性上可以尝试改变的：_____

我可以培养的生涯兴趣：_____

我尚需要培养的能力：_____

我必须具备的其他条件：_____

我的中期计划（学习或训练）：_____

10~20 年后，我的长期目标：_____

我的特点：_____

我在个性上可以尝试改变的：_____

我可以培养的生涯兴趣：_____

我尚需要培养的能力：_____

我必须具备的其他条件：_____

我的长期计划（学习或训练）：_____

## 二、做一做

### 1. 我的学习计划

计划是实现生涯规划的蓝图。作为学生，实现学习目标是我们生涯规划的首要内容。从当前做起，先让我们为自己制订一份学习计划吧！

### 我的学习计划

**周一至周五每日计划**

| 时间 | 内容 | 完成情况 |
| --- | --- | --- |
|  |  |  |
|  |  |  |
|  |  |  |
|  |  |  |
|  |  |  |
|  |  |  |
|  |  |  |

**周六至周日每日计划**

| 时间 | 内容 | 完成情况 |
| --- | --- | --- |
|  |  |  |
|  |  |  |
|  |  |  |

### 2. 我的成长计划

只有树立明确的目标，准确定位自己的人生方向，了解自己真正需要的是什么，我们才能够迎来机会。请你为自己设计一份"成长计划"，即在一张大纸上画上若干台阶，每个台阶都代表自己成长中的一个阶段，如小学毕业、初中毕业、高中毕业、大学毕业、参加工作等，并在每个阶段上标出自己将要实现的奋斗目标。

### 3. 霍兰德职业兴趣测试

生涯学者霍兰德认为每个人的生涯选择都是个人人格在工作世界中的表露和延伸，即人们喜欢在其工作选择和经验中表达自己的个人兴趣和价值。

根据霍兰德理论，不同个性的人，很可能会选择不同的职业。人格和职业有着密切的联系，通过科学测试，可以预知一个人的人格特征。下面我们通过填写职业兴趣测试问答，来帮助你做一次简单的自评，从而更加清楚自己在以后的生涯规划中更适合从事哪方面的工作，以此来确定个人目标并不断努力。

请根据对每道题目的第一印象作答，不必仔细推敲，答案没有好坏、对错之分。具体的填写方法是，根据自己的情况对每一题回答"是"或"否"。

（　）（1）我喜欢把一件事情做完后再做另一件事。

（　）（2）在学习和生活中我喜欢独自筹划，不愿受别人干涉。

（　）（3）在集体讨论中，我往往保持沉默。

（　）（4）我喜欢做戏剧、音乐、歌舞、新闻采访等方面的工作。

（　）（5）每次写信我都一挥而就，不会重复。

（　）（6）我经常不停地思考某一问题，直到想出正确的答案。

（　）（7）对别人借我的和我借别人的东西，我都能记得很清楚。

（　）（8）我喜欢抽象思维的工作，不喜欢动手的工作。

（　）（9）我喜欢成为人们关注的焦点。

（　）（10）我喜欢不时地夸耀一下自己取得的成就。

（　）（11）我曾经渴望有机会参加探险。

（　　）（12）当我一个人独处时，会感到更愉快。

（　　）（13）我喜欢在做事情前，对此事做出细致的安排。

（　　）（14）我讨厌修理自行车、电器一类的工作。

（　　）（15）我喜欢参加各种各样的聚会。

（　　）（16）对于将来的职业选择，我愿意从事虽然工资少但是比较稳定的职业。

（　　）（17）音乐能使我陶醉。

（　　）（18）我办事很少思前想后。

（　　）（19）我在处理学校事务时，经常请示老师。

（　　）（20）相比普通的游戏，我更喜欢需要动脑子的智力游戏。

（　　）（21）我很难持续集中注意力在2小时以上。

（　　）（22）我喜欢亲自动手制作一些小玩意儿，从中得到乐趣。

（　　）（23）我的动手能力很差。

（　　）（24）和不熟悉的人交谈对我来说毫无困难。

（　　）（25）和别人辩论时，我总是很容易放弃自己的观点。

（　　）（26）我很容易结识同性朋友。

（　　）（27）我做人做事既不悲观也不偏激，基本属于不偏不倚的温和型。

（　　）（28）当我开始做一件事情后，即使碰到再多的困难，我也要执着地干下去。

（　　）（29）我是一个沉静而不易动感情的人。

（　　）（30）做事情时，我喜欢避免干扰。

（　　）（31）我的理想是当一名科学家。

（　　）（32）与言情小说相比，我更喜欢读推理小说。

（　　）（33）有些人太霸道，所以有时明明知道他们是对的，我也要和他们对着干。

（　）（34）我爱幻想。

（　）（35）我总是主动地向别人提出自己的建议。

（　）（36）我喜欢使用钳子、螺丝刀、万用表一类的工具。

（　）（37）我乐于助人。

（　）（38）我喜欢参加比赛或玩游戏时与别人打赌。

（　）（39）我乐于按父母和老师的安排去做事。

（　）（40）如果将来参加工作，我希望能经常换不同的工作来做。

（　）（41）与朋友约好见面后，我会提前留有充裕的时间以免迟到。

（　）（42）我喜欢阅读自然科学方面的书籍和杂志。

（　）（43）如果掌握一门精湛的手艺并能以此赚到足够多的钱，我会感到很满足。

（　）（44）我对汽车司机、汽车修理工一类的职业比较感兴趣。

（　）（45）听别人谈"家中被盗"一类的事，很难引起我的同情。

（　）（46）如果待遇相同，我宁愿当商品推销员，而不愿当图书管理员。

（　）（47）我讨厌跟各类机械打交道。

（　）（48）我小时候经常把玩具拆开，把里面看个究竟。

（　）（49）当接受新任务后，我喜欢以自己独特的方法去完成它。

（　）（50）我有文艺方面的天赋。

（　）（51）我喜欢把一切安排得井井有条。

（　）（52）我喜欢做一名教师。

（　）（53）和一群人在一起的时候，我总想不出恰当的话来说。

（　）（54）看情感影片时，我常禁不住伤心流泪。

（　）（55）我讨厌学数学。

（　）（56）假如将我单独一个人留在实验室做实验，我会感到非常无聊。

（   ）（57）面对急躁、爱发脾气的人，我仍能以礼相待。

（   ）（58）遇到难以解答的题目时，我常常中途放弃，改做下一题。

（   ）（59）大家公认我是一名勤劳踏实、愿为大家服务的人。

（   ）（60）我喜欢协助老师做班级管理类的工作。

## 霍兰德职业兴趣测试评分标准

以下题号答"是"的得1分，答"否"的得0分

现实型（Realistic）："是"（2，13，22，36，43）"否"（14，23，44，47，48）

研究型（Investigative）："是"（6，8，20，30，31，42）"否"（21，55，56，58）

艺术型（Artistic）："是"（4，9，10，17，33，34，49，50，54）"否"（32）

社会型（Social）："是"（26，37，52，59）"否"（1，12，15，27，45，53）

企业型（Enterprise）："是"（11，24，28，35，38，46，60）"否"（3，16，25）

传统型（Conventional）："是"（7，19，29，39，41，51，57）"否"（5，18，40）

按照得分从多到少的顺序标出六个类型

## 测试解释

| 类型 | 典型个人风格 | 典型职业 |
|---|---|---|
| 现实型 | 此类型的人具有顺从、坦率、谦虚、自然、坚毅、实际、有理想、害羞、稳健、节俭等特性。其行为表现为：<br>1. 喜爱实际操作性质的职业或情境<br>2. 以具体实用的能力解决工作方面或其他方面的问题<br>3. 拥有使用机械和动手操作的能力，较缺乏处理人际关系方面的能力<br>4. 重视具体的事物或明确的特征 | 工程师<br>工程人员<br>医师<br>医事技术人员<br>农、渔、林、牧相关职业<br>机械操作员<br>一般技术人员 |
| 研究型 | 此类型的人具有谨慎、好奇、独立、内向、精确、理性、保守、好学、有自信、善于分析、判断能力强等特征。其行为表现为：<br>1. 喜爱研究性质的职业或情境<br>2. 以善于研究的能力解决工作方面及其他方面的问题<br>3. 善于运用科学知识和数学方面的能力，但缺乏领导才能<br>4. 重视科学价值 | 数学家<br>科学家<br>自然科学研究人员<br>工程师<br>工程研究人员<br>资讯研究人员<br>研究助理 |

(续表)

| 类型 | 典型个人风格 | 典型职业 |
| --- | --- | --- |
| 艺术型 | 此类型的人具有复杂、想象力强、冲动、独立、直觉创意、理想化、情绪化、感情丰富、不重秩序、不服权威、不重实际等特点。其行为表现为：<br>1. 喜爱艺术性质的职业或情境<br>2. 以艺术创作方面的能力解决工作方面或其他方面的问题<br>3. 表达能力、创造能力强，拥有艺术创作、音乐、表演、写作等方面的能力<br>4. 重视审美价值与美感经验 | 音乐家<br>画家<br>诗人<br>作家<br>舞蹈家<br>导演<br>戏剧演员<br>艺术教师<br>美术设计人员 |
| 社会型 | 此类型的人具有友善、慷慨、乐于助人、仁慈、负责、善沟通、善解人意、洞察力强、理想主义、善于合作等特征。其行为表现为：<br>1. 喜爱社会性质的职业或情境<br>2. 以社交方面的能力解决工作方面及其他方面的问题<br>3. 具有帮助别人、了解别人、教导别人的能力，但较缺乏机械与运用科学的能力<br>4. 重视社会规范与伦理价值 | 社会服务工作者<br>教师<br>社工人员<br>护理人员<br>辅导咨询人员 |

(续表)

| 类型 | 典型个人风格 | 典型职业 |
|---|---|---|
| 企业型 | 此类型的人具有爱冒险、野心大、有抱负、乐观、自信、有冲劲、追求享乐、精力充沛、善于社交、善于说服他人、善于获取别人注意、管理组织能力强等特征。其行为表现为：<br>1. 喜欢企业性质的职业或情境<br>2. 以管理企业方面的能力解决工作方面或其他方面的问题<br>3. 具有语言沟通、说服他人、社交、管理、组织、领导方面的能力，较缺乏运用科学的能力<br>4. 重视政治与经济上的成就 | 业务行销人员<br>律师<br>企业经理<br>公关人员<br>政治人员<br>媒体传播人员<br>法官<br>中介代理人员 |
| 传统型 | 此类型的人具有顺从、谨慎、保守、自抑、谦逊、坚毅、实际、稳重、重秩序、有效率等特征。其行为表现为：<br>1. 喜欢传统性质的职业或情境<br>2. 善于以传统职业方面的能力解决工作或其他问题<br>3. 具有文书写作和数字计算方面的能力<br>4. 重视商业与经济价值 | 会计师<br>会计人员<br>总务<br>出纳<br>银行职员<br>行政助理<br>编辑<br>资讯处理人员 |

计算完结果后，你有什么发现？你是哪种风格的人？将来有可能从事哪种职业呢？

接下来，让我们一起来设计"我的人生计划书"。设计此计划书的目的是让我们以书面的形式思考并逐步明确、初步确定自己的学习目标，增强自我教育、自我激励、自我约束的意识和能力，对我们的学业做一次系统的思考，找到适合自己成才的行动方向，把自我设计的梦想抓住，把稍纵即逝的激情火花点燃，把宝贵的期待化为实际的目标，为自己的学生生涯许一个沉甸甸的承诺。

一诺既出，当立言立行。梦想的实现最重要的就是按照自己的"计划"，一步一个脚印地去体验、去努力、去收获……

### 我的人生计划书

姓名　　　　　　　　　　班级

自我认识评估：

优势和特长：

劣势和不足：

总的认识和评估：

（续表）

| 姓名 | | 班级 | |
|---|---|---|---|
| 现状分析： | | | |
| 发展潜能： | | | |
| 升学理想设计： | | | |
| 终身理想追求： | | | |
| 职业理想及理由： | | | |
| 生活理想及理由： | | | |

（续表）

| 姓名 | | 班级 | |
|---|---|---|---|
| 终身追求及说明： | | | |
| 实现的途径及可行性： | | | |
| 实现途径设计： | | | |
| 实现理想的可行性说明： | | | |
| 我现在最希望得到的帮助： 1. 学习方面： | | | |
| 2. 心理方面： | | | |

# 参考文献

[1] 傅宏,王晓萍.小学生心理健康教育:全体教师用书[M].北京:中国轻工业出版社,2008.

[2] 李丹.心理:小学生心理健康教育读本[M].上海:华东师范大学出版社,2004.

[3] 吴芝仪.我的生涯手册[M].北京:经济日报出版社,2008.

[4] 柯君.哈佛家训全书[M].北京:新世界出版社,2009.

[5] 郭簃.学生生涯规划设计[M].长春:吉林大学出版社,2009.

[6] 朱勇哲,田光华.小学生涯教育(四年级适用)[M].北京:新时代出版社,2011.

[7] 朱勇哲,田光华.小学生涯教育(五年级适用)[M].北京:新时代出版社,2011.

[8] 朱勇哲,田光华.小学生涯教育(六年级适用)[M].北京:新时代出版社,2011.

[9] Victor Siye Bao, Sihuan Bao, John Tian.中文游戏大本营——课堂游戏100例[M].北京:北京大学出版社,2010.

[10] 唐华山.受益一生的哈佛心理科[M].北京:人民邮电出版社,2010.

[11] 黄信景.职业生涯与心理健康指南[M].北京:中国工人出版社,2010.

[12] 黄天中,吴先红.生涯规划——体验式学习[M].北京:北京师范大学出版社,2011.

[13] 国家职业分类大典和职业资格工作委员会. 中华人民共和国职业分类大典[M]. 北京：中国劳动社会保障出版社，1999.

[14] 张乐敏，吴玮，宋丽珍. 大学生职业生涯规划与管理[M]. 上海：复旦大学出版社，2008.